KB008383

대 한 민 국
베 스 트

축제여행

상상출판

맛과 멋과
이야기로 떠나는
축제

대 한 민 국
베 스 트

축제여행

지진호 지음

목차

4장 : '멋'있는 축제

5장 : 스토리가 있는 축제

부록

책을 내면서

2001년, 춘천 마임 축제장에는 "무기력한 젊은이들이여, 지독한 안개에 중독되자. 지독한 사랑에 중독되자. 지독한 무질서에 중독되자!"라는 슬로건이 걸려 있었다.

당시 나는 이 슬로건을 보고 적잖은 혼란에 빠졌던 기억이 난다. 왜냐하면 젊은이들이 안개와 사랑에 빠져 볼 수는 있다고는 생각했지만, 무질서에 빠져 보자는 정확한 의미를 이해하기 어려웠기 때문이었다. 그러나 축제에서의 이러한 무질서에 대한 실체를 이해하는 데에는 오랜 시간이 걸리지 않았다.

불 켜진 고슴도치 섬의 몽환적 분위기에서 끊임없이 흘러나오는 아카펠라 선율, 언더그라운드 가수의 애환에 물든 목소리, 마임이스트들의 형용할 수 없는 몸짓에 그만 온몸과 정신이 현실에서 분리되어 무질서에 중독, 흡수되고 말았기 때문이다.

하룻밤 사이에 "축제는 억압되었던 감정표현이 사회적으로 허용된 기회"라고 한 미국의 신학자 하비 콕스(Harvey Cox)의 말이 현실이 되어 버렸다.

그 후 내게 "축제는 현대사회에서 반복되는 일상의 틀을 깨고 놀이적 카오스(Chaos : 무질서, 난장)의 경험을 하게 해주는 문화 현상"이 되었다.

당시 나는 융합적이고 현상학적인 관광학의 학문적 특성을 반영한 현장 수업이 절실하다고 느끼고 있었다. 그래서 틈나는 대로 축제현장을 답사하고, 보고 느낀 것을 〈여행정보신문〉에 연재하기 시작했다. 2001년부터 3년간 100여 개의 전국 이색축제를 발굴하여 신문에 연재한 일은 지금도 큰 보람으로 남아 있다.

틈틈이 스페인 토마토 축제나 산 페르민 축제, 영국 에든버러 축제, 캐나다 스탬피드 축제 등 세계적인 축제현장을 답사하며 우리 축제와의 차이점을 볼 수 있었던 것도 축제연구에 큰 도움이 되었다.

누군가 "숙제하듯 살지 말고 축제하듯 살자!"고 말했다. 그래서 이 책은 "일상적인 이성의 땅과 축제라는 감성의 땅을 넘나들면서 인식의 영역을 확대할 수 있다"는 축제에 대한 내 확신의 소산이라고도 할 수 있다. 이 책에는 '맛'을 주제로 하는 5개의 축제와 '멋진 풍경'을 볼 수 있는 5개의 축제, 그리고 축제 주요 콘텐츠로 각광 받는 '스토리'가 있는 10개의 축제를 담았다. 이들 축제들은 필자의 개인적인 선호도에 따라 선별되었으며, 선정된 축제를 답사형식으로 엮었다.

또, 중간중간 축제 이해를 위해 해석이 필요한 키워드나 축제의 역사, 사회적 기능 등을 설명함으로써 독자들이 축제를 정확하게 이해하는 데 도움을 주고자 하였다.

책에 실린 내용은 그동안 〈스포츠 조선〉, 〈여행정보신문〉 및 잡지 등에 기고한 원고들을 새롭게 편집해서 묶은 것이다. 또, 사진 자료는 강의를 위해 답사 때 직접 찍은 것들과 해당 지방자치단체에서 제공한 것들을 주로 사용하였다.

이 책이 발간되기까지 많은 분들의 수고와 협조가 있었다. 그분들에게 일

일이 감사의 인사를 드리지는 못하지만 그 고마운 마음만은 가슴속에 깊이 간직하고자 한다. 특히, 어려운 여건에서도 기꺼이 출판을 허락해 주신 상상출판의 유철상 대표님과 편집자들께 진심으로 감사드린다.

앞으로도 '서서 하는 독서인 여행'은 시간이 허락되는 한 지속할 것이다. 아무쪼록 축제와 여행을 통해 맛과 멋진 풍경, 재미난 이야기를 접하고 싶어 하는 독자 여러분의 많은 성원과 지지를 기대한다.

2019년 5월

지진호

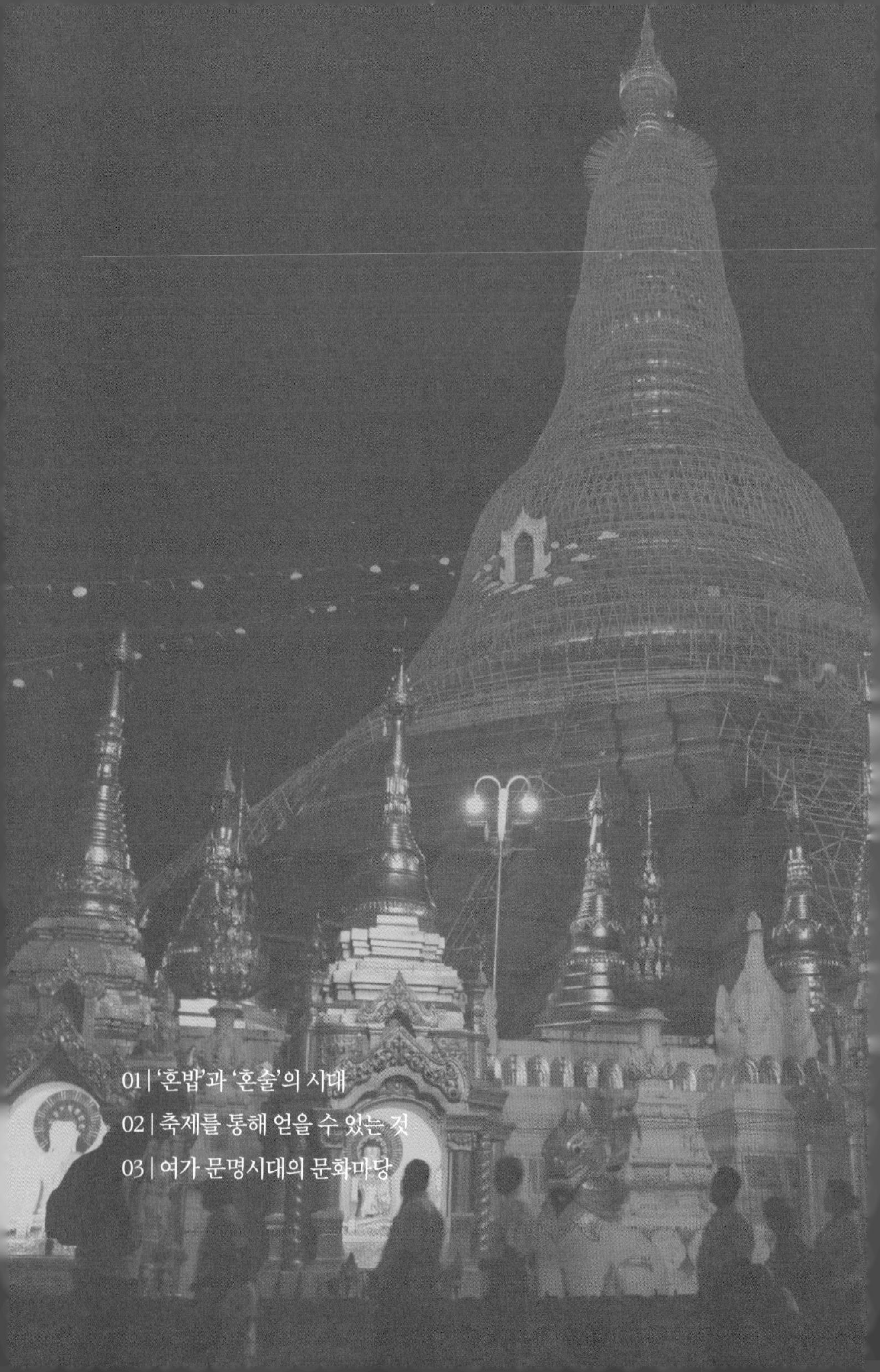

1장

축제를 잃어버린 현대인

'혼밥'과 '혼술'의 시대

축제의 계절이 오면 사람들은 "우리나라에는 축제가 왜 그렇게 많아요?" 하고 기대감 대신 참석하기도 전에 실망감부터 드러낸다. 신문과 방송에서도 연일 '축제 공화국', '전시행정', '예산 낭비' 등 축제에 대해 부정적인 기사를 쏟아 낸다. 이런 비난 속에서도 축제는 여전히 열린다. 왜일까? 답은 명확하다. 축제는 예나 지금이나 살아 있는 문화적 유기체로서 우리 삶의 일부이기 때문이다. 일부에서 축제에 예산이 낭비된다고 해서 축제를 모두 없앨 수는 없다.

축제가 제의성(祭儀性)이나 종교성(宗教性), 유희성(遊戲性)이 얽혀 있는 사회적 의식이라고 전제한다면 과거 마을마다 행해졌던 농제, 당제, 시제, 굿 등은 축제의 원형인 셈이다. 과거에는 마을마다 축제가 일상적으로 벌어졌다. 인구와 마을 수에 비례해 볼 때 현재의 축제 수는 예전에 비해 터무니없이 줄어들었으니 축제가 많다는 주장에는 근거가 부족하다.

신화시대부터 인류는 축제라는 놀이를 통해 삶의 무게를 떨쳐 내며 살아

왔다. 또한, 고단한 현실을 견뎌내는 힘을 축제를 통해 얻었다. 그래서 축제는 시대를 불문하고 동시대인들의 삶과 현실을 반영하고 동시에 그들의 소망과 기원이 담긴 문화양식이었다.

국가나 집단의 사회현상을 연구한 많은 학자들이 축제에 관심을 가지게 된 것은 결코 우연이 아니었다. 축제에는 그 사회의 문화적 토양과 집단의 의식이 나타나 있기 때문이다. 인간사회에서 축제가 언제부터 발생했는가를 명확히 알 수는 없다. 다만 축제는 시대에 따라 종교, 문화, 예술과 깊은 관련이 있었으므로 이와 관련해서 유추해 볼 수밖에 없다.

고대 그리스의 철학자 플라톤(Platon)은 "일상에서 어려움을 겪고 있는 인간을 그곳에서부터 벗어날 수 있도록 도와주기 위해 신들이 지시한 시간과 공간"이라며 축제를 신학적 현상으로 설명했다. 반면 네덜란드의 역사

고대의 축제는 민족이나 집단의
신앙적 사상을 담아내는 사회적 장치였다.

학자 호이징아(Huizinga)는 “인간의 유희적 본성이 문화적으로 표현된 것이 축제이며, 축제에서의 놀이는 비일상적이고 비생산적인 것이지만 일상생활을 원활히 하고, 생산성을 높이기 위해 필수불가결한 행위”로 파악하였다.

오늘날 축제가 많은 것은 우리 사회가 과거에 비해 빠르게 변화하고 있는 까닭에 삶의 생동감이나 생산성을 높이기 위함이다.

작년 말 충남 부여에서는 이 지역 대표 축제인 백제문화제를 어느 장소에서 개최할 것인가에 대한 논란이 있었다. 나를 포함한 전문가들은 한목소리로 문화재가 분포되어 있는 시내에서 축제가 열려야 관광객들이 제대로 백제문화를 이해하고, 시내 상권도 활성화될 수 있다고 주장했다. 그러나 주민들의 의견은 우리와 달랐다. 한사코 구드래 둔치에서 열어야 한다고 했다. 지역주민들은 반대 이유로 소음과 교통 혼잡 등을 내세웠다. 하지만 개인적으로 만난 지역 노인의 시내 개최 반대 이유는 달랐다.

“둔치에서 해야 막걸리 한잔 마셔도 잔소리하는 사람이 없지! 눈치 볼 것 없잖여.”

겉으로 표현하지 못하는 욕구가 있었다. 비록 축제 동안이지만 지역 사회에서 흐트러진 자신의 모습을 드러내고 싶지 않았던 것이다. 그러면서도 일상의 질서와 체면에서 벗어나고자 하는 탈일상의 욕구도 숨어 있었던 것이다. 그들에게 둔치는 현대판 소도(蘇塗 : 고대 신성불가침 장소)였는지 모른다.

축제는 참가자 서로 간에 소통의 문을 열어주고
쌍방의 관계를 형성하는 사회적 장치다.

오늘날 현대인들은 축제 홍수시대에 오히려 축제에 대한 갈증을 느끼는 역설적 상황에 놓여 있다. 우리 선조들이 향유한 축제의 존재가치를 사회적인 환경변화로 인해 점차 잃어가고 있는 것이 현실이다. 합리성과 기능성, 효율성만을 지나치게 중시하는 사람들은 축제를 이러한 기준으로 판단하려는 경향이 강하다. 축제 비판론자들이 대개 여기에 해당한다. 축제에 관광객이 얼마나 왔는지, 지역경제 파급효과가 얼마인지, 특산물 판매가 얼마인지가 이들의 유일한 관심사다. 축제에 대한 이해 부족과 단기적 경제성과만으로 축제의 성공 여부를 판단하려는 도구적 사고가 진정한 축제가 설 수 있는 자리를 빼앗고 있다. 이러한 현상은 풍요 속의 빈곤, 즉 축제 갈증의 원인이 되고 있다.

SNS와 같은 인터넷 매체의 발달과 개인주의적 사고의 확산도 현대인들이 축제를 잃어 가는 이유 중 하나다. 전철이나 식당에서 대화를 하거나 책을 읽는 사람 보기가 점차 어려워지고 있다. 스마트폰을 보거나 이어폰을 끼고 음악을 듣는 사람들뿐이다.

축제는 혼자서 할 수 없는 행위고, 여러 사람이 모여서 집단적으로 꾸려나가는 속성을 지니고 있다. 축제는 참가자 서로 간에 소통의 문을 열어주고 쌍방의 관계를 형성하는 것이 일반적이다. 그런데 소위 '혼밥', '혼술'의 유행시대에 여러 사람이 모여 공동체를 형성하는 축제는 번거로운 일로 간주되는 경우가 많다. 그렇기 때문에 우리가 원하는 소통과 나눔을 살리기 위해서라도 잃어버린 축제를 되찾을 필요가 있다. 축제는 죽어서 박제될 것이 아니라 우리 삶 속에 살아 있어야 한다.

현대는 '우리'라는 통합적 개념보다는 '나'라는 해체적 개념이 더 강한 사회다. 그래서 많은 사람들은 함께 있으면서도 언제나 외로움을 느낀다. 이러한 기계론적 인간관에 젖어 있는 현대인들에게 '우리'를 느끼게 할 수 있는 방법은 무엇일까? 산업화되고 도시화된 현대인들의 탈출구는 어디에 있을까? 그것이 축제라면 동시대인의 삶과 현실을 반영하면서도 우리의 소망과 기원을 어떤 문화양식으로 표현할 수 있을까? 축제홍수와 갈증이 공존하는 시대에 한 번쯤 되돌아 볼 필요가 있는 질문들이다.

이탈리아 산 마르코 광장에서 펼쳐지는 베네치아 카니발은
옛 가면과 의상, 현재의 가면과 의상 등이 출품되어 현재와 과거가 만나는 장을 이룬다.

축제를 통해 얻을 수 있는 것

'인간은 왜 축제를 열고, 그것에서 무엇을 얻으려고 하는가?'에 대한 대답은 시대마다 다르다. 시대가 변하면서 축제의 기능도 바뀌기 때문이다. 다만 하비 콕스는 시대에 관계없이 축제에는 몇 가지 본질적인 기능이 있다고 주장했다.

먼저 축제에는 고의적 과잉성이 있다. 축제는 일상생활에서 할 수 없는 행동이 허용되므로 고의적으로 과장된 행동을 하는 경우가 많다. 지나치게 술을 마시거나 소리를 질러대도 아무런 제약을 받지 않을 뿐만 아니라 심지어 환락적 행동을 해도 용인된다. 과잉소비도 있을 수 있고, 금기시되던 음식을 먹을 수 있게 허용되며, 평상시에는 입을 수 없는 우스꽝스러운 옷을 입어도 문제가 되지 않는 것이 축제다.

다음으로 축제에서는 삶을 늘 긍정적으로 생각하게 된다. 축제에는 기쁨, 들뜸, 놀람, 환호, 환상, 희망, 기대 등 긍정적인 행동이나 생각이 담겨 있기 때문이다. 축제에서는 죽음조차 생명력과 부활을 의미하는 경우가 많다. 또, 축제에서는 아직은 실현되지 못한 희망사항이라도 긍정적으로 생각하게 된다.

마지막으로 축제는 일상생활과 다른 상황을 보여 주게 된다. 축제에서는 노동, 관례, 규칙 등의 개념과는 다른 행동이 허용된다. 그러나 축제가 일상의 모습과 다른 기능을 한다고 해서 난장의 연속만은 아니다. 외적으로는 그렇게 보인다고 해도 내면에는 잠시 질서로부터 이탈하는 것을 허용함으로써 오히려 질서와 역사의 연속성을 한층 더 의식하게 만들어 주기도 한다.

축제의 기능과 사회적 역할은 시대에 따라 조금씩 변해갔다. 고대국가에서의 축제는 액운을 쫓고, 복을 부르는 행위로 민족이나 집단의 신앙적 사상을 담아내는 사회적 장치였다. 당시의 축제는 인간을 신적 도그마(Dogma : 독단적인 신념이나 학설)에서 잠시 벗어나게 해 주는 합법적 탈출구 역할을 하였다. 이 시대 지배자들은 축제라는 의식을 통해 자신들이 꿈꾸는 세상을 피지배자들도 공감할 수 있는 민족적, 집단적 이념의 공감대를 구축하고자 했다. 이러한 형식은 오늘에도 그대로 답습되고 있다. 선거 전·후에 기존 축제가 갑자기 없어지고 새로운 축제가 생겨나는 일이 많다. 이는 위정자들이 새로운 권위에 대한 주민들의 공감대 형성을 위해 축제를 없애기도 하고 새로 만들기 때문이다.

종교적 이념이 전 사회를 지배하였던 중세의 사람들은 획일적이고 억압적인 사회구조에서 벗어나고자 새로운 이념적 지향점을 모색하게 되었다. 이 과정에서 자연스럽게 축제라는 문화형식이 생겨났다. 이 시대에는 축제를 신과 인간의 교류 활동으로 보면서 축제가 공동체의 통합에 기여한다고 생각했다. 중세의 축제는 예술이 동원된 민중 문화의 결정체인 동시에 폭력과 무질서, 해학과 풍자, 과음과 과식, 외설 등이 함께 뒤섞인 채 진행되었다.

근대의 축제는 신과의 관계보다는 인간 상호 간의 관계, 또는 인간과 자연과의 관계로 그 내용을 달리하게 된다. 그래서 축제 참여자들의 현실적인 불만 해소 욕구가 강했고, 그 욕구는 일상생활의 행복과 기쁨을 추구하는 기능이었다. 또, 과거에 비해 축제의 범위도 넓어지고 형식의 변화도 클 수밖에 없었다.

근대 일반 시민 사회의 일상생활에서는 노동과 휴식이 삶의 두 축을 형성하였다. 동시에 가족 간 교류 활동이 중시되었다. 20세기 초 서양 시민들의 가족 공간에서는 공동의 놀이가 많이 이루어졌고, 그것에는 고급문화에 대한 폭넓은 지식이 요구되는 경우가 많았다.

현대의 축제는 과거와 달리 민족적, 종교적 내용보다는 가족적, 유희적 내용이 주를 이루게 되었고 축제가 일상화되었다. 오늘날 축제가 지속되는 이유는 지역 사회 유대감 형성 때문이다. 뿐만 아니라 삶의 양식에 영감을 주면서 인간과 보이지 않는 존재 사이에서 혹은 인간과 그 주변 환경의 관계에서 놀이 형식을 통해 정신적 가치를 확인할 수 있기 때문이다. 그래서 현대의 축제는 종교적 제의(祭儀) 성격이 약화되고 놀이적 성격이 강조될 수밖에 없다.

이러한 관점에서 볼 때 오늘날 축제는 그 본래의 의미는 약화되었다. 현대의 축제는 대중의 열정이 자유롭게 표현되는 공간이고 강압적이거나 획

일적으로 진행될 수 없으며 대중의 정서와 이해를 토대로 개최되어야만 한다.

그래서 오늘날 축제는 "인간의 생존 욕구 해소를 위해 열린다"고 해도 틀린 말이 아니다.

중세의 축제는 놀이의 중심이 신으로부터 시작되었다.

여가 문명시대의 문화마당

기어트 홉스테드(Geert Hofstede)는 문화를 “한 부류의 사람들과 다른 부류의 사람들을 구별되게 해주는 집합적인 정신”이라고 말했다. 문화는 지식, 신앙, 예술, 법률, 도덕 그리고 사회의 한 구성원인으로서의 인간에 의해 얻어지는 능력이나 관습들을 포함하는 복합적인 총체이다. 또한, 문화는 그 지역의 풍토, 기후, 종교, 사회 등 여러 가지 요소의 복합체이지만 장기간의 시간이 경과되지 않으면 이동이 불가능하다. 그런 이유에서 지역의 역사와 전통 등 문화를 바탕으로 개최되는 축제에는 그 지역만의 특성이 있게 마련이고, 이는 다른 곳에서 모방할 수 없다.

오래전부터 우리 사회에서 식용음식으로 인정할 것인가 아닌가에 대해 논란이 된 보신탕이 있다. 이는 백제 시대부터 충남 부여군, 서천군 일대에서는 초상이 나면 문상객에게 대접하는 음식이었다. 뿐만 아니라 오래전 이 지역에서 한 해의 농사일을 끝낸 마을 머슴들이 음력 7월 15일, ‘호미 씻는 날’에 먹는 영양식이었다. 사회적인 약자였던 머슴들은 소나 돼지고기를 사

먹을 만큼 경제적으로 풍족하지 않았기 때문에 어디서나 쉽게 얻을 수 있는 개고기는 그들의 영양 보충원이었다. 이러한 문화적 전통을 이어받기 위해 주민들 중심으로 서천군 판교면에서 2003년 보신탕 축제가 열렸지만 동물 보호단체의 반대로 제대로 축제가 진행되지 못했다.

보신탕을 식용으로 허용하든 허용하지 않든 개고기를 먹는 것은 이 지역의 오랜 전통문화였다. 이러한 문화는 하루아침에 만들어지지도, 파괴되지도 않는다. 보신탕 축제는 사회적 논란이 된 개고기가 주된 콘텐츠였다는 점에서 매우 애석하다. 다만 지역 고유의 전통문화를 축제의 소재로 삼는 것이 축제의 지속 가능성을 확보하는 데 매우 중요한 요소라는 점은 부인할 수 없다.

요즘 '워라밸'이라는 말이 유행하고 있다. '워크 앤 라이프 밸런스(Work and Life Balance)'의 줄임말로 노동시간을 축소하는 대신 개인적 삶을 노동 못지않게 중시한다는 의미의 신조어다. 또한, 소확행(小確幸), 휘게(Hygge), 라곰(Lagom), 오캄(Au calme) 같은 단어들도 일상의 작은 행복이나 심신의 편안함을 추구한다는 뜻을 담고 있는 유행어들이다.

현대인은 물질적 풍요를 강조하던 과거와는 달리 정신적 풍요를 중시한다는 것을 알 수 있다. 현대사회에서는 경제적 여유뿐만 아니라 문화, 예술, 관광, 체육활동 등을 통해 양질의 휴식과 여가를 즐기는 것도 건강한 삶을 위한 중요한 요소이다.

그럼에도 불구하고 우리 사회는 축제를 단지 먹고, 마시고, 노는 일탈 행위 정도로 생각하는 경우가 있다. 중앙정부나 지방자치단체에서는 주민의 행복을 위해 막연한 행복추구 정책을 지양해야 한다. 주민들이 하고 싶은 일에 몰두하게 하고 생활에서 느끼는 행복을 진정한 삶의 가치로 받아들일 수 있도록 구체화할 필요가 있다. 축제는 그런 면에서 가장 현실적인 사회적 장치가 될 수도 있다.

프랑스의 퐁피두 대통령은 이미 1970년대 초 "정치는 국민의 삶의 질을 높이는 것"이라고 규정하고 이를 위한 중산층(문화인)의 기준을 명확하게 제시했다.

첫째 외국어 하나는 구사할 수 있어야 하고, 둘째 직접 즐기는 스포츠가 있어야 하며, 셋째 다룰 줄 아는 악기가 있어야 하고, 넷째 남들과는 다른 맛을 낼 수 있는 요리를 만들 수 있어야 할 뿐 아니라, 다섯째 사회적 '공분'에 의연히 참여하며 마지막으로 약자를 도우며 봉사 활동을 꾸준히 해야 한다. 이와 같은 삶의 질을 높일 수 있는 구체적인 방안은 많은 프랑스 국민들로부터 공감을 얻은 바 있다.

최근 여러 연구에서도 연극관람, 악기연주, 노래교실 참여 등의 문화예술 활동이 개인의 행복에 미치는 영향력이 매우 크다는 것을 밝히고 있다. 전반적으로 지역주민은 소득수준보다 거주지 주변의 문화 환경에 만족하고 일상생활에서 문화예술의 비중이 높을 때 행복감이 더 높아진다고 한다. 따라서 사회 전반에 풍요롭고 만족스러운 삶의 환경 조성에는 경제성장 위주의 정책보다는 문화정책이 효과적일 수 있다. 이러한 생각을 가장 잘 실현할 수 있는 정책이 축제 정책이라고 할 수 있다.

오늘날 놀이와 축제는 주민의 '삶의 질 향상'을 가늠하는 척도가 되고 있다. 지방자치와 더불어 지역의 특수성을 포괄적으로 담을 수 있는 문화적 장치는 축제와 놀이밖에 없기 때문이다. 현대는 문화의 시대를 넘어 문화콘텐츠 개발 시대라는 말이 낯설지 않은 상황이다. 다양한 콘텐츠를 향유하고 소비하는 시대에 축제가 '비생산적인 소비'로만 취급되어서는 안 되는 이유가 여기에 있다.

현대인들은 축제에서의 놀이와 같이 생활에서 느끼는 행복을 진정한 삶의 가치로 받아들인다.

축제를 이해하기 위한 키워드 1 : 창조적 카오스(Chaos)

축제의 역사

2장

어제, 오늘,

그리고 내일의 축제

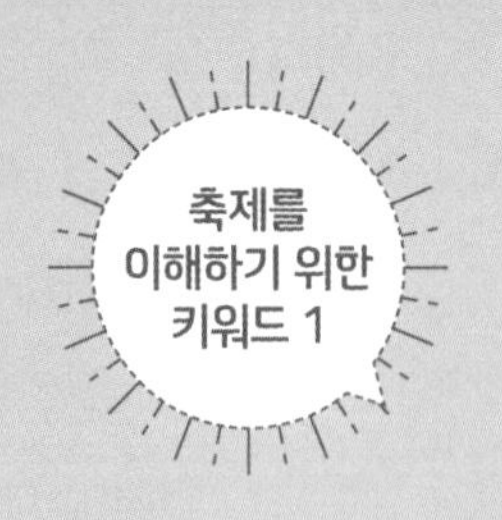

창조적 카오스(Chaos)

'카오스'는 그리스 신화에서 우주가 생성되기 이전의 상태, 최초로 우주가 들어갈 암흑의 공간을 의미한다. 혼돈 상태의 카오스는 대지의 아버지이자 어머니가 되는 셈이다. 카오스는 겉으로 보기엔 불안정하고 불규칙하게 보이지만 대지가 이 상태에서 탄생한 것처럼 사실은 일정한 질서와 규칙성을 가지고 있다.

축제에서의 창조적 카오스는 바로 이러한 현상을 만들어 낼 수 있기 때문에 강조되고 있다. 축제는 숨 막히게 조이던 기존의 질서를 파괴하여 창조적 카오스로의 승화를 추구한다. 즉, 일상생활에서 사회적 강제력에 의해 관리되던 규범 및 금기가 축제현장에서 파괴됨으로써 새로운 것을 창조할 수 있게 만든다.

니체(Nietzsche)는 "축제야말로 모든 가치와 질서가 뒤바뀌는 해방의 장소"라고 강조했다. 인간은 이 축제 속에서 일상적 삶의 제한과 한계를 파괴하는 경험과 더불어 모든 차별을 넘어서 일체감과 유대감을 체험할 수 있다.

축제에서 흔히 발생되는 남자와 여자, 왕자와 거지, 주인과 노예 등과 같은 역할 전도(顚倒)는 축제가 일상생활과 '단절'되었음을 의미한다. 이러한 단절은 축제의 놀이적 카오스를 부여해 사회구성원들의 상호 간 존재를 확인하고, 일체감을 갖게 한다. 축제에서의 카오스는 '이상적인 세계'를 찾아내는 것을 목적으로 하는 것일 뿐, 현실을 부정하는 것은 아니다. 일상적인 생활이 만족스럽지 못할 때 사람들은 축제를 통해 역설적인 삶의 의미를 찾게 된다.

현대 축제에서도 많이 등장하는 탈춤은 단절을 통한 유대감 형성의 속성을 그대로 보여주고 있다. 탈춤은 고대의 성스러운 제천의례 후 마을 사람들의 흥을 돋우기 위해 하던 일종의 연극이었다. 이때 연기자는 가면으로 얼굴이나 머리를 가린 채 다른 인물의 역할을 맡아 연출하는데, 고대에는 놀이 성격보다는 제례를 위한 가무로서의 성격이 보다 강했다. 고구려의 무악(舞樂), 백제의 기악(伎樂), 신라의 처용무(處容舞) 등이 대표적이다.

탈춤은 원초적인 유희성을 강조하는 연출법을 보이는 경우가 많다. 특히, 탈이 갖는 은폐성, 상징성, 표현성에 힘입어 일반 서민들의 정서, 지배층에 대한 불만과 비판을 적극적으로 표출하는 데 널리 활용되기도 하였다. 일정한 시간과 장소에서만 허용되던 탈춤은 파계승, 몰락 양반 등의 부조리를 폭로함으로써 지배층이 내세우는 도덕의 추악함과 특정 지배계층의 비리를 공격하게 된다. 탈춤에서의 신분을 뛰어넘는 이러한 풍자와 해학은 사회구조의 변화를 염원하는 하층민들의 바람이었다. 이 변화는 혼돈(Chaos)을 일으키고, 새로운 질서(Cosmos)로 자기 조직화하는 과정을 겪게 된다.

탈춤이 가진 신명을 통해 일상의 변화와 공동체적 질서를 회복하는 탈춤 축제

때로는 탈춤과 같은 축제에서의 이러한 놀이는 대중에게 영향을 주게 된다. 예상하지 못한 엉뚱한 사건으로 발전하여 나비효과를 보이기도 한다. 따라서 탈춤의 시공간은 신분이 뒤바뀐 혼돈이지만 그들에게 새로운 희망, 새로운 변화의 통풍구다.

보통 여러 사람이 어지럽게 뒤섞여 떠들어대거나 뒤엉켜 뒤죽박죽된 곳을 '난장판'이라고 한다. 원래의 의미는 과거를 보는 마당에서 선비들이 떠들어대는 판을 말하는데, 시험이 끝나고 선비들은 이곳에 모여 서로 자기가 쓴 답이 정답이라고 우기면서 스트레스를 풀게 마련이다. 먼발치에서 점잖게 떠드는 소리를 들은 선비들 중에는 안도의 한숨을 쉬는 이도 있고, 내일을 기약하는 이도 있었을 것이다. 떠들고 뒤엉켜 있는 곳에서도 보이지 않게 시험 후의 사회질서 메커니즘은 작동되고 있는 것이다.

하비 콕스는 "일상의 억압적 질서나 권위로부터 벗어나 특별한 시간과 공간 속에서 창조적인 카오스를 재현하고 난장(亂場)을 벌임으로써 공동체적 질서를 회복하는 문화적 장치이자 놀이가 축제"라고 말한다. 그래서 축제에서는 난장판이 필요하다. 축제의 이러한 탈일상적 콘셉트를 반영한 관광개발은 요즘 여러 형태로 응용되어 인기를 얻고 있다.

디즈니랜드나 민속촌 같은 테마파크가 대표적이다. 축제와 마찬가지로 테마파크는 특정한 주제를 바탕으로 방문객들의 비일상적 감성을 이끌어내어 공감하고 동화될 수 있도록 인위적인 연출을 통해 창조된 감성 공간이다. 일상과 단절된 이곳에서의 특별한 체험은 오히려 일상의 변화와 질서의 원천이 되기 때문에 현대인들에게 각광 받는 관광지가 되고 있는지도 모른다.

축제의 역사

고대의 축제

우리나라에서 축제가 언제부터 발생했는지를 정확하게 밝혀내기는 쉽지 않다. 다만 축제가 예나 지금이나 노래와 춤을 비롯하여 종합예술 행사라는 것을 전제한다면, 축제는 아마 고대국가 이전부터 시작되었을 것으로 추측된다. 조상들이 공동체 생활을 하고 자신과 외부와의 관계를 구별하는 의식이 싹텄을 무렵이다. 종합예술로서 축제가 삶의 체험과 미적 감성을 바탕으로 한 상상력의 소산이라면 인간 삶의 모습이 매우 다양했던 만큼 축제의 발생 동기도 다양했을 것으로 보인다.

고대사회의 예술은 생활, 종교, 과학 등 인간 생활의 대부분이 미분화 상태로 존재했기 때문에 종합적인 성격을 띨 수밖에 없었다. 축제 또한 '제의와 놀이'를 포함한 의식이었을 것이다.

서양의 축제도 우리나라 고대국가의 제천의식이나 세시풍속에서 유래한 것과 마찬가지로 발생했고 오늘날까지 진화해 오고 있다. 그리스어로 축제는 '신에 대한 사랑의 증명'을 의미한다. 이 말은 라틴어 '페리아에(Feriae)'에서 유래한다. 페리아에는 인간의 세속적 활동과 물질적 관심을 철저하게 배제하는 행위이다. 그래서 플라톤은 "페리아에(축제)는 삶의 역경을 일시적으로 잊고 휴식을 취하는 인간과 신의 교섭의 시간이자 장소"라고 말했다.

요즘 축제라는 의미로 '카니발(Carnival)'이라는 용어를 사용하고 있는데, 이 말은 라틴어 'Carne Vale(고기여 안녕, 고기를 먹지 않는다)'에서 유래하였다. 즉 카니발은 예수 부활 전 40일 동안 금식, 금욕, 절제하게 되는 사순절에 앞서 영양을 보충하기 위해 마음껏 마시고 노는 종교의례에서 비롯되었다. 이러한 의미로 카니발은 사육제(謝肉祭)라고 번역되기도 한다.

그러나 서양에서도 축제는 단지 종교 제의적 성격만을 가지고 있지는 않았다. 축제는 종교 제의뿐만 아니라 유희적(Festival : 연회, 향연) 의미의 놀이 성격도 포함되어 있었다.

축제의 역사

세시풍속과 축제

우리 전통사회에서 세시풍속(歲時風俗)은 계절이 바뀌면서 행하여지는 자연 및 인간사에 관한 행사였다. 이러한 세시풍속은 국가나 민족에 따라 다소 다른 형태를 보이지만 그 나라 정신문화의 소산이라고 할 수 있다.

대개 이런 세시풍속은 농경의례나 민족의 제전과 관계되는 것이 대부분이다. 따라서 세시풍속은 생활에 활기를 줄 뿐만 아니라 한 집단의 사회적인 결합을 재확인시키거나 민족적 일체감을 형성하는 데 기여하는 일종의 축제였다.

특히, 여성들의 사회활동이 지극히 제한적이었던 우리나라 전통사회에서 세시풍속은 이들에게 삶의 해방구 역할을 하였다. 세시풍속은 자연 곳곳에 있는 신에게 제사를 지낸 후 남녀노소가 신명 나게 음주와 가무를 즐기는 축제였다. 서양의 추수감사절이나 크리스마스도 일종의 계절제, 또는 세시풍속이라 할 수 있다.

보통 세시풍속 축제에서의 신명풀이는 아는 사람들끼리만의 잔치가 아니라 흥과 멋을 바탕으로 모두 하나가 되는 잔치였다. 따라서 제천의례와 세시풍속은 우리나라 축제의 시원이자 우리나라 축제의 대표이기도 하다. 세시풍속은 서양력이 들어오기 전 음력으로 24절기마다 행해졌다. 24절기는 우주 리듬에 맞추어 살고자 하는 사회적 장치이며 농사력으로 사용되었다. 《풍속지》에 기록되어 있는 우리나라 음력 월별 주요 세시풍속을 살펴보면 다음과 같다.

음력 1월 1일 : 설날에는 연시제(年始祭)를 지내고 웃어른께 세배를 드리고 친척이나 이웃을 만나면 덕담을 주고받았다. 윷놀이나 널뛰기, 연날리기를 하며 놀기도 한다.

2월 1일 초하룻날 : 1년 중 대청소하는 날로서 집 안팎을 깨끗하게 청소하고, 정월 보름 전날 세운 볏가릿대의 곡식을 풀어 솔떡을 해 먹는다. 해안 지방에서는 풍신제(風神祭)를 지내기도 한다.

3월 3일 삼짇날 : 봄꽃을 넣어 국수나 전을 부쳐 먹는 화전(花煎) 놀이를 하고 머리 감기, 활쏘기 등을 하며 하루를 즐긴다.

4월 8일 초파일 : 석가모니 탄생일로 불교 신자들은 절에 가서 재(齋)를 올리고 연등놀이를 하며 찐떡, 어채(魚菜), 고기만두 등을 해 먹는다.

5월 5일 단오절(端午節) : 차례를 지내고, 부녀자들은 창포(菖蒲) 삶은 물에 머리와 얼굴을 씻고, 그네뛰기와 씨름을 즐겼다.

6월 15일 유두절(流頭節) : 냇가에서 몸을 씻고 서늘하게 하루를 보내며, 유두면(流頭麵), 수단(水團), 상화(霜花) 떡 등 여러 가지 음식을 해 먹는다.

7월 7일 칠석날 : 햇볕에 옷과 책을 내어 말리고, 처녀들은 견우(牽牛), 직녀(織女) 두 별을 보고 절하며 바느질 솜씨가 늘기를 빈다.

8월 15일 한가위 : 추석(秋夕)이라 하여 제사를 지내고, 조상의 산소에 가서 성묘를 한다. 송편, 시루떡, 토란단자, 밤단자를 만들어 먹는다.

9월 9일 중양절(重陽節) : 각 가정에서는 화채(花菜)를 만들어 먹는다. 또, 풍국(楓菊) 놀이라 하여 음식을 장만해 교외에 소풍을 가서 하루를 즐긴다.

10월 상달 : 상달인 10월에는 먼 선조의 무덤에 모여서 시제(時祭)를 지내고, 김장하거나 신선로, 만두, 연포탕, 강정 등의 음식을 해 먹는다.

11월 동짓달 : 동짓날에는 팥죽을 쑤어 먹고 악귀를 쫓기 위해 팥물을 대문간에 뿌린다.

12월 : 한 해의 마지막 달인 12월에는 세찬(歲饌)이라 하여 생선, 육포, 곶감, 사과, 배 등을 친척 또는 친지들 사이에 주고받는다. 그리고 그믐에는 집 안팎에 불을 밝히고, 밤을 새우는 해지킴(守歲)을 한다.

중국 서진(西晉) 시대의 진수(陳壽)가 편찬한 《삼국지위지동이전(三國志魏志東夷傳)》에는 우리나라 고대 부족국가의 제천의식이나 풍속에 대한 것이 기록되어 있다.

현대 축제의 모습과 앞날

고대의 축제는 기본적으로 종교적 의미를 지닌 행사였다. 그러나 문명화의 진전에 따라 인간이 점차 이성적, 합리적 사고를 하기 시작하면서 축제에서의 공동체 의식의 해체, 성스러운 의식을 세속화하는 단계를 거치게 되었다. 이러한 과정 속에서 축제에서의 제의성이나 종교성은 약화될 수밖에 없었고 유희성은 강화되었다.

다만 축제에서 제(祭)가 사라지고 축(祝)만 남았다고 단정할 수는 없다. 왜냐하면 경중의 차이는 있을 수 있지만 축제는 분명히 축(祝)과 제(祭)가 포괄된 문화 현상이기 때문이다.

요즘 축제는 참여자에게나 축제를 개최하는 생산자 모두에게 과거와 다른 모습을 보이고 있다. 축제와 놀이의 공통점은 시간과 장소가 일정하게 제한되어 있고, 다른 무엇에도 구애받지 않는 단호함과 자유가 있고, 탈일상적이라는 점이다. 축제야말로 놀이의 최고 형식이다.

그러나 최근에는 IT 산업의 발달과 4차 산업혁명과 같은 급속한 사회변화가 축제에서의 일탈성이나 해방감마저 변화시키고 있다. 일탈감과 해방감을 영화나 사이버공간, 각종 레저 활동 등에서도 체험할 수 있기 때문이다. 과거 축제의 중요한 요소였던 탈일상의 경험이나 해방감도 이제는 더 이상 현대 축제의 독점적 지위라고 하기는 어렵다.

그래서 장 뒤비뇨, 터너 등은 "축제는 신성한 시간, 사회적 연대감을 확인하는 시간과 공간으로서의 역할을 하지 못하게 되었다. 오늘날 축제는 '일상의 축제화'로 인해 더 이상 전통적 의미를 찾기 어렵다"라고 말하고 있다. 이러한 변화에도 불구하고 축제는 사람과 사람의 만남을 전제로 하는 현상이기 때문에 현대인의 커뮤니케이션 수단으로서 결코 무시할 수 없는 중요한 사회적 장치이다.

현대의 축제는 대체로 상업적 목적이 강하고, 순수 예술 축제라 해도 상업성을 완전히 배제하지 못하는 경우가 많다. 축제 참가자의 역할과 활동유형도 변화되고 있다. 고대 축제에서는 축제 주관자 이외에 대부분의 참가자는 제천의식과 농경의례에서의 단순한 수동적 참여 활동에 한정되는 경우가 많았다. 그러나 축제가 볼거리 중심으로 스펙터클화 되면서 경제적 가치 창출수단으로서 기능이 강조되기 시작하였다. 최근에는 참가자가 각종 축제프로그램에서 직접 체험하는 활동이 중요시되는 모습을 보이고 있다. 즉, 축제 참여자 활동이 소망과 기원을 위한 단순 참여, 다양한 볼거리 관람, 직접적인 체험을 통한 몰입 등의 순으로 변해 가고 있다.

우리나라에서는 지방자치제가 실시된 1990년대 중반부터 축제가 지역의

축제는 사람과 사람의 만남을 전제로 하기 때문에 현대인의 커뮤니케이션 수단으로 매우 중요시되고 있다.

문화자치를 실현함으로써 지역 사회의 정체성 확립을 가능하게 했다. 뿐만 아니라 경제적으로는 관광객 유치를 통해 지역경제 활성화를 가능하게 하는 문화콘텐츠로서 중요시되고 있다. 지역의 문화유산을 대외적으로 홍보하여 지역 이미지 개선에 도움을 주고, 지역민의 문화 욕구를 충족시키며 전통문화예술의 계승과 발전에도 중요한 역할을 담당하고 있다. 최근 정부에서나 자치단체에서 축제의 관광자원화에 대한 논의가 활발히 이루어지고 있는 것은 현대의 축제가 문화, 관광, 산업 등 분야별 목적 달성을 위한 '주제를 지닌 공공의식'이라는 것을 의미한다고 볼 수 있다.

다만 축제도 시대의 흐름에 따라 점차 마을 단위의 소형 축제로 변화될 가능성이 크다. 축제가 주민 생활권 안으로 점차 들어오고 있으며, 참여자들도 불특정 다수보다는 개별 또는 많은 부분에서 서로 동일한 공감대를 가지고 살아가는 생활 공동체 주민들의 참여가 활발해지고 있기 때문이다.

또한, 축제가 특수한 목적 달성을 위해 개최된다고 해도 그 목적 자체가 점차 세분화되어 가고 있으므로 축제 또한 소규모화 되고, 축제 참여자들도 동호인, 마니아 중심으로 진행되는 경향을 보이고 있다.

이제는 관 주도형의 대형 축제보다는 순수 민간 주도의 소형 축제가 점차 각광을 받을 것으로 보인다. 따라서 과거 세시풍속이 주로 마을 단위로 행해지면서 일체감을 형성해 왔듯이 미래의 축제도 소규모, 동호인, 마니아, 순수 민간 주도형 축제로 변할 가능성이 크다.

축제를 이해하기 위한 키워드 2 : 킬러 콘텐츠(Killer Contents)

축제와 '맛'

3장

'맛' 있는 축제

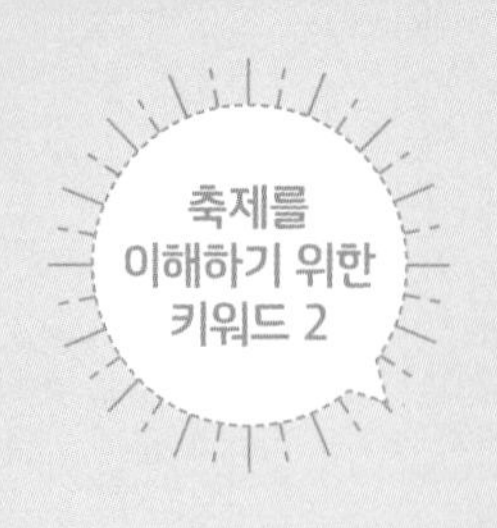

킬러 콘텐츠 (Killer Contents)

축제에서 킬러 콘텐츠는 한마디로 그 축제를 대표할 수 있는 흥미롭고 독특한 내용물을 말한다. 어느 축제에서나 볼 수 있는 비슷한 프로그램이 아니라 '많은 관광객이 필요로 하는 프로그램'으로 축제의 만족도를 높이고 이들의 재방문 의사를 결정할 때도 중요하게 작용한다. 킬러 콘텐츠는 축제 전체를 지배하고 누구나 공감할 수 있어 구태여 말이 필요하지 않으며, 그 축제만의 고유한 색깔이므로 많은 사람에게 축제의 상징적 의미를 전달하기도 한다.

스페인 부뇰의 조그마한 마을에서 개최되는 '토마토 축제' 하면 누구나 으깨어진 토마토를 무작위로 서로에게 투척하는 모습을 떠올린다. 소위 '토마토 전쟁'이라고 불리는 '불특정 다수의 토마토 투척'이 이 축제의 킬러 콘텐츠다. 강렬한 붉은색의 토마토 색채와 역동감 넘치는 토마토 던지기는 탈일상과 몰입의 전형이라고 할 수 있다. 토마토 축제의 이 킬러 콘텐츠는

단 1시간 동안 진행되는 스페인의 토마토 축제는
'불특정 다수의 토마토 투척'이라는 킬러 콘텐츠로 세계적인 축제가 되었다.

축제의 정신을 가장 간단한 방법으로 구현하고 있다. 대중 매체 발달로 이 모습이 세계인에게 노출되어 토마토 축제는 축제 마니아들에게 가장 가보고 싶은 축제가 되었다.

뿐만 아니라 이 킬러 콘텐츠는 여러 영화나 광고, 방송에 등장하면서 조그마한 시골 부뇰 마을을 축제 기간 동안 하루 3만여 명이 찾는 관광명소로 탈바꿈시켰다. 축제가 열리기 1주일 전부터 음악, 춤 공연, 거리 행진, 불꽃놀이가 펼쳐지며 축제 분위기가 무르익어 간다. 그러나 진짜 축제는 단 1시간에 불과하다. 1시간 만에 축제 참가자들은 물론 미디어를 통해 그 장면을 보는 사람들을 만족시키는 것은 역동적인 킬러 콘텐츠 덕분이다. 다만 미친 듯이 몰입하여 토마토를 투척하는 혼돈 속에서도 '손으로 꽉 쥐어 으깬 토마

2011년 미국 CNN에서는 화천 산천어 축제의 킬러 콘텐츠인 '수많은 사람들이 낚시하는 모습'을 세계 겨울 7대 불가사의의 하나로 선정했다. 아래는 함께 언급한 세계의 불가사의다.

1. 캐나다 북극의 오로라(The northern lights of Canada)
2. 얼음 조각상에 갇힌 러시아 상트페테르부르크(Icebound Sankt Peterburg)
3. 스웨덴의 순록 대이동(Sweden's reindeer migration)
4. 이탈리아 레시아 호수에 가라앉은 종(Italia's sunken bell)
5. 미국 옐로스톤의 끓는 물(Yellowstone's bolling water)
6. 한국 화천의 산천어 축제(Korea's ice festival)
7. 눈에 갇힌 런던(Snowbound London)

토만을 던진다'든가 '신체의 특정 부위를 향해 던지지 않는다'든가 '유리병 등 이물질을 포함해 던지지 않는다'는 등과 같은 보이지 않는 질서는 존재한다.

우리나라 글로벌 육성 축제이자 겨울 축제인 화천 산천어 축제의 킬러 콘텐츠는 단연 '산천어 낚시'이다. 눈과 얼음을 주제로 열리는 겨울 축제이므로 산천어 낚시 외에도 산천어 맨손잡기, 얼음 썰매, 눈썰매, 눈 조각, 봅슬레이 등 여러 프로그램이 있지만 킬러 콘텐츠만큼 관광객들의 관심과 호응을 받는 프로그램은 많지 않다. 전국 어디에서도 낚시는 할 수 있는데, '왜 산천어 낚시가 킬러 콘텐츠인가?'를 생각해 볼 필요가 있다.

보통 축제의 킬러 콘텐츠는 현대인들의 가치관이나 관광 트렌드, 공감대 형성 등이 제대로 반영되지 않으면 실패의 확률이 높다. 그런데 '산천어=1급수에서만 서식하는 물고기'라는 인식이 개인의 건강과 청결한 환경, 환경친화적 가치관을 추구하는 현대인들의 구미에 딱 맞아 떨어진 것이다. 게다가 개인적인 체험보다는 불특정 다수가 참여하여 함께 즐기는 낚시이기 때문에 참가자들의 만족도가 높다.

축제의 킬러 콘텐츠를 개발할 때는 먼저, '축제의 본질적 기능인 탈일상적 요소가 충분히 있을 것, 현대인들의 가치관이나 관광 트렌드에 부합할 것, 개인보다는 불특정 다수의 참여가 가능할 것' 등과 같은 요건을 고려해서 개발해야 한다.

축제와 '맛'

축제는 일상과 대조적이고 즐거움이 있어야 한다. 그리고 축제의 즐거움은 특별한 음식이 있을 때 한층 커진다. 특히, 축제 주제가 음식이라면 축제의 정체성을 높이는 데 제격이고, 축제 참가자들의 유대감을 높여 이들이 다시 축제를 찾게 하는 원동력이 된다. 더구나 즐겁고 행복한 날에 가족이나 친구, 연인과 함께 먹는 축제 음식이라면 '가슴에서 퍼지는 맛의 울림'이 되기에 손색이 없다.

현대인은 '서로 주체성'을 잃고, '홀로 주체성'을 안고 살아가고 있기 때문에 여러 사람이 어울려 음식을 먹는 것은 소통의 문을 열어주고 쌍방의 관계를 형성하게 한다. 그래서 음식 축제는 다른 어느 축제보다 사회구성원들의 유대감 형성에 유리하다.

"당신이 먹는 것이 곧 당신이다(You are what you eat)"라는 말이 있다. 음식은 그 사람과 그 지역, 그 국가의 정체성을 나타낸다는 의미다. 하나의 지역 문화권에서 한 가지 음식을 먹는다는 것은 마치 동일한 살과 피를 만드는 것과 같다. 그만큼 음식은 지역 문화의 대표적인 상징물이다. 그러므로 음식 축제로 성공하는 것은 그 어떤 지역마케팅 전략보다 탁월한 효과를 거둘 수 있는 장점이 있다.

특히, 음식 축제 참가자들은 같은 음식을 먹어 볼 기회가 많은데, 이것이야말로 '혼밥'과 '혼술'로 대변되는 지역, 계층, 세대 간의 극단적인 인식 차이를 메울 수 있는 장치가 될 수 있다. 동일한 장소에서 동일한 음식을 같이 먹어 본 경험만으로도 잘 모르는 사람들 사이에서 심리적 유대감이 생길 수 있기 때문이다.

우리나라는 기후와 풍토가 농사에 적합하여 신석기시대부터 농업이 시작되었다. 이런 이유로 말미암아 곡물은 우리 음식문화의 중심이었다. 삼국시대 후기부터 밥과 반찬으로 분리되어 우리 고유의 식사형태가 형성되었다. 이후 콩으로 메주를 쑤어 장을 담그는 등 발효음식이 발달하였다. 더구나 뚜렷한 4계절의 장점으로 인해 철마다 재배되는 과일이나 채소, 산나물, 해산물, 각종 조미료나 향신료가 더해지면서 다양한 조리법이 개발되었고, 최근에는 웰빙식, 기호식이 유행하면서 이와 관련된 축제가 많이 개최되고 있다. 오랜 역사와 각 지역적 특색, 지역민들의 생활이 반영된 음식문화가 낳은 잔치는 이제 현대인들의 주요한 관광목적지로까지 확산되고 있다.

남아프리카 부시맨은 혼자 식사하는 사람들을 사자나 늑대처럼 여긴다고 한다. 혼자 식사하는 동물은 사자나 늑대뿐이기 때문이다. 외로운 현대인이 사자나 늑대가 되지 않기 위해서라도 우리 지역의 음식을 주제로 하는 축제와 잔치는 많을수록 좋다.

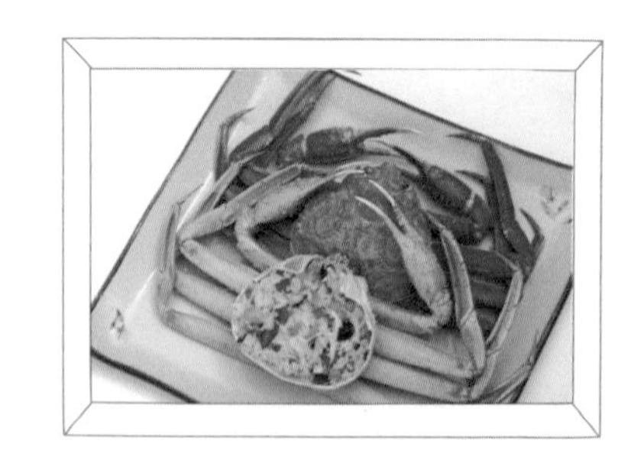

매년 대게 축제가 개최되는 강구항

마파람에 게 눈 감추듯

영덕 대게 축제

蟹脚脯 出於 沿近海諸郡而惟 寧海所産極爲 甘軟香 世稱絶品
(해각포 출어 연근해제군이유 영해소산극위 감연향 세칭절품)

조선 말 독립 운동가이자 문신이었던 최영년(崔永年)은 그의 시집《해동죽지(海東竹枝)》에서 "게의 다리 살로 만드는 해각포는 연근해 여러 군에서 잡히지만 오직 영해에서 생산되는 것만이 달고, 연하고, 향기로워 세상에서는 명품이라고 말한다"라고 영덕 대게의 맛을 칭송했다.

오십천이 바다로 흘러드는 강구항은 동해안에서도 손꼽히는 미항이다. 항구를 감싸 안고 돌아드는 해안도로와 고즈넉한 바닷가 마을이 이어지는 풍경은 정겹고도 푸근하다. 튼실한 대게 발이 감싸는 창포말 등대 전망대에서자 짙푸른 동해의 수평선과 기암괴석이 만든 아름다움에 감탄사가 절로 나온다. 강구항 남쪽의 드라마촬영지로 유명한 삼사해상공원에 오자 관광객들은 그 옛날 드라마 속의 주인공을 떠올리며 회상에 젖어 있는 듯했다.

봄이라고는 하지만 아직은 코끝에 매서운 바닷바람을 영덕 대게 축제의 열기가 덮고 있었다. 여기저기서 펼쳐지는 축제행사, 끊임없이 드나드는 어선이 풀어놓은 풍성한 수산물, 활기찬 경매시장, 등대가 있는 방파제까지 둘러보는 사이에 한나절이 훌쩍 가고 말았다. 강구대교 아래 3킬로미터에 걸쳐 있는 대게 거리 상인들은 누가 먼저랄 것도 없이 앞다투어 지나가는 사람마다 살가운 인사를 해 준다.

며칠 전 대게 요리 맛집으로 소개받은 항구의 한 식당으로 들어서자 대게 삶는 찜통에서는 쉴 새도 없이 김이 흘러나왔다. 견고한 주황색 껍데기 속에 탄력 있는 속살이 가득한 유혹적인 영덕 대게를 산지에서 먹어 볼 수 있다는 기대감이 컸다. 대게 축제에 여러 번 왔었다는 후배는 대게와 홍게를 구별하는 방법을 자신 있는 목소리로 설명하기 시작했다.

"대게와 홍게는 엄연히 다릅니다. 생김새가 비슷해 웬만해서는 구별하기 힘들지만 대게 맛은 깊은 바다 맛이 나고, 대게가 홍게보다 더 크기도 크고 게살도 많지요."

"홍게는 껍질이 딱딱하고 속이 꽉 차지 않고, 맛도 짜며, 속살이 연해서 대게에 비하면 맛이 훨씬 못한 편입니다."

"홍게는 머리 부분에 좌우 각 한 개씩의 작은 가시가 있지만 대게는 가시가 없어요."

목청 높여 설명했으나 나는 색깔 외에는 대게와 홍게를 아직도 정확하게 구별해 낼 자신이 없다. 항구가 보이는 2층 자리에 앉자 사장님이 직접 대게

1. 경북 영덕군 축산면 경정2리 차유 마을에 서 있는 대게 원조 마을 표지석
2. 달고, 연하고, 향기로워 명품이라고 널리 알려진 영덕 대게

© 영덕군청

© 영덕군청

먹는 법과 요리순서를 간단히 설명했다.

이내 기대하던 음식이 나왔다. 한입에 먹기 좋은 새우튀김과 감자튀김이 먼저 나왔는데 눅눅하지 않아 식감이 좋았다. 쌉쌀한 맛의 조개 무침은 소스와 같이 먹으니 독특한 맛이 났다. 약간 퍽퍽한 느낌의 주먹밥, 톡 쏘는 맛의 해파리냉채, 담백한 단호박, 초장에 찍어 먹는 골뱅이 등 메인 메뉴인 대게가 나오기도 전에 배가 부르고 말았다.

옆 테이블의 축제관광객들도 잔뜩 기대하는 눈빛으로 대게 요리가 나오

기만을 기다리고 있었다. 대게 치즈 구이와 튀김, 얼음 위에 얹혀 나온 회를 '마파람에 게 눈 감추듯' 정신없이 먹고 나자 집게살과 다리살, 몸통, 내장은 쟁반에 얹혀 찜으로 나왔다.

우리는 대게 살 발라 먹는 법을 사전설명까지 들었기 때문에 다리살도 빠짐없이 빼서 먹을 수 있었지만 옆 테이블의 젊은 연인들은 이리저리 먹기를 시도하다가 멋쩍은지 얇은 대게 다리를 슬쩍 옆으로 제쳐 놓았다. 힘들여 대게 살 먹는 모습이 다소 우스꽝스럽기까지 했다. 이미 위가 찼는데 대게 내장 볶음밥과 탕이 또 나왔다. 멸치젓국과 된장으로 간을 맞춘 대게탕은 약간 매운 것이, 특유의 경상도 음식 맛을 그대로 간직하고 있었다. 술배, 밥배가 따로 있다더니 대게 살 먹는 배와 밥 먹는 배는 따로 있었던 모양이다. 후식으로 식혜까지 마시고 나자, 우리에게 축제의 다른 일정은 계륵에 불과했다.

구한말(1809년) 빙허각 이씨(憑虛閣 李氏)가 엮은 《규합총서(閨閤叢書)》에는 무릇 사대부들이 밥을 먹을 때 경계해야 할 5가지를 들고 있는데, 그중 과식하지 말 것과 탐식하지 말라는 충고를 나는 오늘 여지없이 어기고 말았다.

영덕 대게 맛의 역사는 깊다. 서기 930년경 고려 태조 왕건이 지금의 안동 부근에서 견훤의 군사를 크게 무찌르고 이곳에 와, 처음으로 대게를 먹어 보고 그 맛에 반했다고 전해진다. 이후부터 영덕 대게는 그 맛을 인정받아 조선 시대에는 임금님 수라상의 진상품으로 자리 잡았다. 한때 "수라상에 대게가 올라오자 임금님이 코와 입에 대게 살이 묻은 것도 모르고 맛있게 먹었다. 신하가 옆에서 지켜보니 모양이 추하기 그지없어 그 뒤로는 대게를 다시

올리지 않았다"고 할 정도였다.

대게는 몸체가 크다고 해서 붙여진 이름이 아니다. 몸통에서 뻗어 나간 8개의 다리 모양이 대나무처럼 곧다고 하여 붙여진 이름이다. 그래서 한문으로는 죽해(竹蟹)라고도 한다.

우리나라 동해안 전역에서 잡히고 있지만 영덕군 강구면과 축산면 사이의 3마일 앞바다에서 잡힌 대게가 가장 유명하다. 그 이유는 대게는 수심 200~400미터의 모랫바닥이나 진흙이 있는 곳과 3도 이하의 냉온에서 주로 자라는데, 이곳이 최적지이기 때문이다. 그래서 타지에서 잡힌 대게보다 다리가 길고 속살이 많을 뿐 아니라 쫄깃쫄깃한 맛이 특징이다.

고려 시대 때부터 이미 영덕군 축산면 경정2리 차유 마을은 '영덕 대게 원조 마을'이었다. 고려 충목왕 2년(1345)에 정방필(鄭邦弼) 영해부사가 부임하여 순찰하던 중 이 마을에서 대게 맛을 본 후, 반하여 하루를 더 머물렀다 하여 "차유(車留 : 수레가 머무르다) 마을"이라고 불렀다는 기록이 있기 때문이다. 누가 뭐라 해도 대게 원조에 대한 가장 오래된 물증이다. 그래서 마을 입구의 '대게 원조 마을' 표지석은 천년의 맛을 자랑하는 영덕 대게에게 수여하는 훈장인 셈이다.

찬바람이 부는 12월부터 봄바람이 불어오는 5월까지 영덕 강구항은 온통 '게판'이 된다. 흔히 찬바람이 불어야 대게 철이 시작되지만 대게 속살이 들어차는 시기는 2~3월이다. 산란기를 피한 겨울과 봄에 그 맛을 제대로 즐길 수 있기 때문에 금어기에 들어서기 전 매년 3월 말, 강구항에서는 영덕 대게 축제가 개최된다.

1. 대게 진상 재현 행렬
2. 대게 축제장을 환히 밝히는 불꽃놀이

직판장이 늘어서 있는 강구항 거리 중앙에는 가두리 양식장처럼 만든 임시 낚시터가 설치되어 있었다. '황금 대게 낚시' 프로그램 진행자가 수영장 다이빙 보드 판처럼 생긴 사회대에 올라 경쾌한 음악에 맞춰 춤을 추며, 연신 관광객들의 참여를 재촉하고 있었다.

"살아 있는 대게를 낚시로 직접 잡아 볼 수 있는 생생한 체험!"
"운 좋으면 황금 반지를 낀 대게도 낚을 수 있습니다."
"좋은 꿈 꾸신 분들 황금 대게 잡으러 오세요."
"임금님도 반해버린 영덕 대게 맛을 낚을 수 있는 좋은 찬스입니다!"

사회자의 재촉에 관광객들은 금방이라도 낚싯대를 던질 태세였다. 그러나 어느새 감칠맛 나는 경상도 사투리로 바뀐 사회자의 능수능란한 진행과 농담에 관광객들은 키득키득 웃으며 재미있다는 표정 일색이다.

"어디서 오셨능교?"

"서울이요!"

"전국 최고, 영덕 대게, 대게 마이 잡아, 대게 마이 묵고 가이소!"

사회자의 말투를 재빨리 응용해서 따라하는 부자간의 대화가 정겹다.

"아빠, 낚시터에 대게 마이 있어?"

"대게가 대게 마이 있다."

"대게 잡으면 여기서 쪄 묵을 수 있능교?"

"하모, 대게 마이마이 잡기나 해라!"

4일 동안 열리는 축제에는 대게에 대한 여러 가지 체험행사로 꾸며져 있었다. 영덕 대게 원조, 차유 마을에서 시작되는 축제 기원제를 필두로 태조 왕건 행차 및 대게 진상 재현이 축제의 열기를 한층 돋우었다. 이어 바닷고기 맨손잡기, 대게잡이 어선 승선 등 여러 행사가 진행되었고, 특히 대게잡이 낚시체험에 관광객들이 많이 몰렸다. 강구항 수협 위판장에서는 경매사가 수신호와 모자를 이용하여 진행하는 대게 경매광경을 볼 수 있는데, 다른 곳에서는 좀처럼 보기 힘든 색다른 볼거리였다.

축제장 곳곳에서는 민속놀이와 문화공연, 대게 싣고 달리기, 대게찜 체험 등 다양한 부대행사도 열리고 있었다.

한편에서는 대게 살에 소주를 한잔 기울이며 옛 고향 이야기와 자식들 이야기, 세상 돌아가는 이야기들이 높은음으로 흘러나왔다. 강구항 멀리 뱃고동이 울리고 고깃배가 떠나자, 축제의 하루도 기울어 갔다.

커피숍이 밀집해 있는 강릉항의 커피 거리 야경

커피가 된
숭늉

강릉 커피 축제

사랑이 녹고
슬픔이 녹고
마음이 녹고

온 세상이
녹아내리면
한잔의 커피가 된다

모든 삶의 이야기들을
마시고 나면
언제나
빈 잔이 된다
나의 삶처럼
너의 삶처럼

축제장을 비켜 나와 신 교수는 번잡하고 시끄럽지 않은 카페로 나를 안내했다. 강릉 앞바다가 훤히 보이는 2층 테라스가 있는 카페는 마치 지중해 변의 쪽빛 바다를 배경으로 하는 휴양지 같은 느낌이 들었다.

그는 강릉에 살려면 시 한 수, 노래 한 곡, 악기 하나쯤은 다룰 줄 알아야 지식인 대접을 받을 수 있다고 했다. 하늘, 바다, 호수, 술잔, 임의 눈동자에 뜬 다섯 개의 달을 볼 수 있는 경포대는 전국 제일의 달맞이 장소이므로 소주 한 병쯤은 마실 수 있어야 강릉의 풍치를 제대로 즐길 수 있다고도 했다. 그러고는 자신이 좋아한다는 용혜원 시인의 「한잔의 커피」라는 시를 얼굴을 살짝 붉히며 눈을 감고 음미하듯 암송하기 시작했다.

많은 사람들은 커피가 강릉에 간 까닭을 궁금해한다. 청량한 바다 향과 솔향만을 기억하고 있는 사람들에게 커피 향이 가득한 강릉 커피 축제가 생소할 수밖에 없지만 이 지역 다도 문화 역사는 1천 년을 훌쩍 넘는다. 커피가 우리나라에 들어오기 전 강릉에서는 신라 시대 화랑들이 차를 달여 마시며 심신을 수련했다. 우리나라 유일의 차 문화 유적지, 한송정(寒松亭)이 바로 그곳이다.

예부터 물이 좋아 차를 즐겨 마셨던 고장이 강릉이었다. 그래서인지 지금도 다른 지역에 비해 다도 인구가 많다. 커피가 들어오면서 강릉에 커피문화가 발달할 수 있었던 것은 역사적으로 봐도 어쩌면 당연한지도 모른다. 게다가 "바다의 포용력이 좋아서" 이곳에 정착한 커피 명인과 커피를 유달리 사랑한 애호가들이 커피를 강릉시민의 생활문화로 만들었다. 여기에 더해 한 일간지 기자의 강릉 커피에 대한 르포형 기사가 신문에 나면서 이곳 사람

1. 쪽빛 바다를 배경으로 하고 있는 강릉항 인근 커피숍
2. 평창동계올림픽 마스코트 '수호랑'과 '반다비'

들의 마음에서는 커피와 낭만의 향기가 초승달처럼 돋았다. 그래서 탄생한 축제가 강릉 커피 축제다. 세상에 핑계 없는 무덤은 없다.

인류가 언제부터 커피를 마셨는지는 알 수 없다. 다만 현재는 독특한 향으로 전 세계인이 널리 즐겨 마시는 음료이고, 그 고향이 아프리카의 에티오피아라는 사실이 확인되고 있을 뿐이다. 아프리카가 원산지인 커피는 술을 금지하는 이슬람교인들이 술 대신 마신 음료였으며 그들에 의해 산업으로

1. 커피 로스팅
2. 드립 체험
3. 숯불커피 로스팅
4. 커피 로스팅

발전되어왔다. 1651년에 유럽으로 전해진 커피는 인도, 미국을 거쳐 우리나라에 들어왔다.

1939년 발간된 《조선요리법》에는 "어른들의 식사가 끝나면 밥상에서 국그릇을 내리고 그 자리에 숭늉을 놓아서 입가심을 했다"고 기록되어 있다. 그러니까 6·25 이후 한국에 주둔한 미군들은 자연스럽게 후식으로 커피를 마셨지만 그때까지만 해도 우리나라 사람들은 숭늉을 마셨다.

그러나 산업화로 인한 식생활 개선과 1970년대부터 보급되기 시작한 전

기밥솥의 등장으로 숭늉을 마시는 가정이 줄어들었다. 식후 입가심을 위한 대체 음료가 필요했다. 그때 등장한 것이 커피였다. 사회적인 수요는 가히 폭발적이었다. "커피는 시장에서 쌀보다 더 많이 팔린다"고 외국에 소개될 정도로 한국인들은 커피를 즐겨 마셨다. 우리나라가 커피 공화국이 된 것은 우연이 아니다. 숭늉을 즐겨 마시던 후식 DNA가 우리 뼛속 깊이 살아 있었던 셈이다.

오랜만의 강릉길에 대한 기대가 컸다. 지금 내게는 '바다의 포용력'이 필요했다. 답답한 일상의 탈출 욕구가 강릉까지 오게 할 정도였다.

"강릉엔 오랜만이지?"
"아마 4, 5년 전일걸. 피서철에 왔다가 길 막혔던 기억밖에 없네."
"오늘은 좋은 추억만 안고 갈 수 있을 걸세."
"커피 축제 프로그램이 괜찮은 모양이지?"
"바닷가 분위기와 커피 향이 좋지. 자네 커피 좋아하잖아?"
"커피보다 분위기를 좋아하지 난, 하하."

외지인들과는 달리 강릉 사람들은 커피를 마시는 것에서 그치지 않는다. 집집마다 커피를 내리고, 커피 염색, 커피 인형, 커피 플라워에 이르기까지 다양한 상상력을 동원하여 커피를 생활 속으로 끌어들여 살아가고 있다. 아파트 베란다에서는 문화예술인뿐만 아니라 할아버지와 할머니, 의사와 간호사, 대학생이나 선생님들도 커피를 볶는다. 그래서 강릉의 산과 들, 바다는 물론 아파트촌에는 언제나 커피 향이 물씬 풍긴다.

특히, 가을이 되면 전국의 커피 마니아들은 성지순례 하듯 강릉을 찾는다. 비가 오면 비가 온다고 커피를 마시러 오고, 사람이 그리울 때, 가는 세월이 아쉬울 때, 청량한 풍경을 보고 싶을 때 그들은 강릉을 찾아 고독, 행복, 아픔, 사랑을 느끼고 커피잔에 스스로의 스토리를 입히며 커피를 마신다.

커피 축제가 열리고 있는 강릉항 일대는 커피 향이 은은했다. 축제장 여기저기에서는 다양한 테마의 커피 축제 행사가 분주하게 펼쳐지고 있었다.

커피 향이 은은한 강릉 커피 축제장

ⓒ 강릉시청

커피 로스팅 체험

한쪽에서는 관광객들이 커피를 직접 볶아보기도 하고, 또 한쪽에서는 커피콩으로 색칠도 하고, 목판에 우드버닝화까지 그리며 즐거워하고 있었다. 커피 비누나 심지어 달짝지근하고 뒷맛이 매력적인 커피 막걸리까지 등장했다. 커피 화장품이며 커피 향 주머니도 눈에 띄었다.

아궁이에 불을 지피는 정성으로 숯불의 은근한 깊이가 있는 커피 참숯 로스팅 체험장에서는 고향 냄새가 났다. 어느 축제 체험기에는 그 냄새를 이효석의 《낙엽을 태우면서》에 나오는 "갓 볶은 커피 향의 느낌이었을 것"이라고 단정하기도 했다. 작은 음악회나 국제미술제, 사진전 등 다채로운 문화행사도 문화도시 강릉을 커피색으로 물들이는 데 적극적이었다.

으레 항구 주변에는 횟집이 많이 보이기 마련인데 이곳 강릉항에는 카페가 더 많이 눈에 들어왔다. 곳곳에 작고 앙증맞은 커피집들이 올망졸망 앉아 있다.

"강릉항을 예전에는 안목항이라고 했는데, 1980년대 초까지만 해도 조그만 어촌에 불과했지. 나는 여기서 나고 자랐으니까 그때 풍경이 지금도 눈에 선해."

"해안가 마을에 커피자판기가 몇 대 설치되더니, 이 일대가 갑자기 데이트 장소가 되더라고. 경치가 좋고, 한적하니까 아베크족 아지트로 바뀐 거지."

"지금은 보다시피 자판기 대신 커피숍들이 이렇게 들어서 있잖아. 외지인들이 많이 찾아오니까 이 일대 커피숍만 수십 군데가 넘어."

"커피 한 잔으로 거리가 이렇게 바뀔 줄 그땐 상상도 못 했지."

"지금도 연인들이나 문화예술인들의 발길이 잦지만 한때는 황금찬 시인이나 조병화 시인처럼 기라성 같은 문인들이 강릉 커피숍에서 시낭송회를 열 정도였으니 예술과 커피는 궁합이 잘 맞나 봐."

신 교수는 강릉인이라는 자부심이 컸다. 그리고 커피 축제가 강릉에서 개최될 수밖에 없었던 배경을 숨 가쁘게 설명해 나갔다.

강릉에 커피가 온 것은 여러 사람의 정성이 합쳐진 결과였다. 지역 대학에서는 앞다투어 커피 아카데미를 열었고, 규모가 큰 커피숍에서도 별도로 커피 아카데미를 운영하는 경우가 많았다. 그리고 강릉 커피 1세대인 박이추 선생과 황광우 대표는 커피 이론과 로스팅, 드립 등 체계화된 교육시스템으로 강릉을 커피 도시로 가꾸어 갔다.

"지금 부처님이 살아 계셨더라면 분명히 커피를 드셨을 것"이라고 주장하는 커피 볶는 사찰 현덕사 스님들, 커피 도시락을 싸던 주부들. 이들의 정성이 합쳐져 열정이 살아 있는 강릉을 만들었다. 지금도 강릉은 커피콩을 달구는 시뻘건 불꽃처럼 타오르는 심한 커피 열병을 앓는 중이다.

누구나 작은 커피 한 잔으로 행복해질 수 있다면 그것이 최고의 커피가 아닐까? 강릉 밤하늘 아래 친구의 통기타 소리와 소주 한잔 기울이는 시간을 기다리는 사이, 내 입속에서는 옅은 아메리카노 커피 향이 퍼지고, 해는 기울어 축제의 밤은 마치 남의 일인 양 타들어 가고 있었다.

무엇을 해야 할지 더 이상 알 수 없을 때, 그때 비로소 무엇인가 할 수 있는 것이 진정한 여행이리라.

덤 문화를 체험할 수 있는 강경 젓갈 축제

©논산시청

김치와
기무치(キムチ)

강경 젓갈 축제

잘 삭힌 창란 젓갈 같은
맛을 낼 수 있다면
사람들과 한세상 부대끼며
내 오장은 썩을 대로 썩어도 좋으리라

아니면
궂은 말, 매운 말로
썩을 대로 썩은 내 입술의 심술을
내 이웃에게 너그러운 용서를 빌며
아가미 젓갈같이 맛깔 좋은
삭힌 생각, 삭힌 말을 하며
살아도 좋으리라

썩어야 제맛이 나는
의를 되새기게 하는
젓갈은 학문이다
젓갈은 스승이다

강경의 한 식당 벽에는 김상현의 시 「젓갈(食中斷想)」이 걸려 있었다. 이곳에서는 삭힌 생각과 삭힌 말이 통할 것 같아 축제장을 빠져나오는 발길이 오늘따라 푸근하기만 했다.

조선 시대의 강경은 한양과 호남 간 봉화(烽火)의 중계지였다. 이곳은 일찍부터 금강과 지류 하천이 합류하는 곳이었으므로 교통의 요지였다. 《허생전》에는 주인공 허 생원이 한양의 부호에게 1만 냥을 빌어 소금을 팔아 5년 만에 1백만 냥을 벌었다는 장면이 나온다. 그곳이 바로 강경이다. 포구에 배가 들어올 수 있었던 구한말까지만 해도 서해 수산물 최대 시장으로 발전하였던 강경은 평양, 대구와 함께 전국 3대 시장 중 한 곳이었다. 이 무렵에

강경 중앙시장(1920년대)

는 소금, 조기, 새우젓, 민어, 홍어, 게, 전갱이 등 각종 수산물이 강경을 통해 전국 각지로 팔려 나갔다. 그래서 강경은 팔다 남은 어물을 보관하기 위한 염장법과 수산가공법이 다른 지역보다 유난히 발달했다.

그리고 강경은 한때 화려했던 교육 도시요, 상업 도시였다. 조선 시대에는 특히 예학의 본향으로 유명하였고, 일제 시대에는 호남평야에서 거두어들인 쌀을 일본으로 수탈하는 관문이었기 때문에 사료적 가치가 높은 근대 건축물들이 아직도 많이 남아 있다. 그러나 금강의 범람으로 인한 토사의 퇴적과 유로변경, 호남선 철도, 호남고속도로, 금강하구언 등 육상교통이 점차 발달하면서 강경은 급속히 쇠락하고 말았다.

쇠락한 강경을 되살린 것은 1997년부터 시작된 강경 젓갈 축제였다. 지금은 서해로부터 배가 들어올 수도, 해산물이 집하될 수도 없는 곳이지만 번성했을 때 발달했던 200년 전통의 염장법과 질 좋은 소금의 명성이 '젓갈 축제'를 통해 강경을 되살린 것이다.

젓갈은 기원전 3세기경 중국의 《주례》에 오늘날 젓갈을 의미하는 해(醢), 자(鮓), 지(鮨) 등의 문자가 발견되고 있을 정도로 역사가 깊은 음식이다. 우리나라에서는 신라 신문왕(683년)이 김흠운의 차녀를 왕비로 맞이하면서 납폐(남자 집에서 혼인의 예를 갖추어 여자 집에 청하면서 주는 물품)한 품목 중 젓갈이 포함되었다는 사실이 《삼국사기》에 기록되어 있다.

조선 시대에는 왕실에서 사슴고기를 염장하여 녹해(鹿醢)를 만들어 먹었다는 기록도 있고, 젓갈의 종류만 해도 무려 150여 종에 달했다고 한다. 그리고 당시 대합젓, 잉어젓, 토하젓, 석수어젓, 홍합젓, 가자미젓, 밴댕이

젓, 석화젓 등은 명나라 조공 무역품으로 사용될 정도로 중요한 수출품이기도 했다.

그러나 젓갈은 요즘 젊은이들의 선호음식은 아니다. 그렇다 할지라도 요즘 옛날 세대들(New-tro)에게 과거 음식으로만 여겨졌던 젓갈이 새롭게 즐기는 음식이 될 수도 있다. 최근 슬로 푸드(Slow food) 열풍과 한류 열풍으로 우리나라 음식이 널리 소개되면서 젓갈은 새로운 트렌드 음식으로 성장할 가능성이 크기 때문이다. 명란 비빔밥이나 젓갈 김밥, 젓갈 파스타, 명란마요 바게트 등 다양한 젓갈 요리법이 개발되고 있는 것도 이런 가능성을 더욱 높여주고 있다.

불과 10여 년 전만 해도 냄새가 나는 김치, 막걸리, 청국장은 외국인들은 물론 우리나라 젊은이들조차 꺼렸던 음식이었다. 발효과정 때 나는 냄새 때문이었다. 그러나 전 세계적으로 패스트 푸드로 인한 비만, 당뇨 등 성인병이 늘어나면서 정성이 담긴 전통음식으로 건강한 먹거리를 되찾자는 운동이 일어나면서, 200년 전통의 강경 젓갈의 새로운 전성시대가 도래할 수도 있다는 기대감도 커지고 있다.

오죽하면 냄새나는 음식으로 멸시했던 김치를 일본인들이 기무치(キムチ)로 둔갑시켜 고유음식이라고 말하며 원조경쟁을 벌이고 있지 않은가? 우리나라 김치는 젓갈을 넣어 자연발효로 만들어지지만 기무치는 젖산의 발효과정이 없고, 기능성 성분 함량이 적은 겉절이 음식에 불과하다. 그래서 젓갈은 우리나라 김치의 맛의 비법이요, 슬로 푸드의 대명사라 해도 틀린 말은 아니다.

1. 외국인 젓갈 김치 담그기 체험
2. 가족 단위 관광객에게 인기 있는 젓갈 김치 담그기 체험

논산 방향에서 강경 입구에 들어서자 차가 꼼짝을 하지 못했다. 젓갈 축제에 김장김치용 젓갈을 사러 온 사람들이 온통 좁은 강경 거리를 메우고 있었기 때문이다. 요즘 지방 도시 어딜 가도 사람들이 많지 않아 분위기가 죽어 있는데, 이곳은 활기가 넘쳤다. 시장 특유의 번잡함과 젓갈 상인들의 젓갈 파는 소리가 뒤섞여 왠지 모르게 야릇한 흥분마저 느끼게 했다.

시장통 안의 골목에서 단체로 온 관광객들이 고구마에 새우젓을 얹어 시장기를 달래고 있는 모습이 정겹게만 느껴졌다. 옆 가게 안에서는 마치 신들

린 사람처럼 주인아주머니가 용기에 젓갈을 담으며 읊는 소리가 들리고, 같이 온 사람들은 연신 박장대소를 하며 그 모습을 구경하고 있었다.

"이건 할머니께 효도하라고 드리는 거고, 이건 아들 입맛 없을 때 반찬 하라고 드리는 거고, 요건 단골손님이라 드리는 거고, 이건 1년 내내 건강하시라고 드리는 거고, 마지막으로 이건 내년에 또 오시라고 드립니다."

우리 전통 상거래 방식이 정찰 가격제로 바뀌면서 사라졌던 정과 덤 문화가 강경포구에는 아직 살아 있었다. 에누리 없냐고 따지면 산 만큼 높은 새우젓이 덤으로 쌓였다. 파는 사람이나 사는 사람 모두 즐거워 얼굴에는 웃음기가 가득했다.

강경포구 재현

강경포구에 서 있는 배 모양의 강경 젓갈 전시관

매년 축제장에서 만나 얼굴이 익은 주인아주머니께 “장사가 잘 되네요”라고 말을 건네자 “아유, 말도 마세요, 교수님. 올해는 새우값이 금값이라 팔아도 남는 게 업시요”라는 늘 듣던 엄살이 오늘따라 밉지가 않았다.

강경읍의 140여 개의 젓갈 상회에는 집집마다 젓갈 발효시설인 쿰쿰한 냄새나는 저온창고가 있다. 이 저온창고가 새우 한 마리 잡히지 않는 강경이 젓갈 도시로 명맥을 유지하는 비밀인 것을 나는 젓갈협회장 설명을 듣고 알게 되었다.

“보통 젓갈은 터널이나 토굴에서 일정한 온도를 유지하면서 저장했는데, 강경은 해발고도가 낮고 평야 지대라 양촌 대둔산의 금광 채굴했던 토굴에서 숙성시켰었지요. 그러나 요즘은 몇 개 업체를 제외하고는 집집마다 현대화된 저온창고를 지어 놓았죠.”

"그 저온창고에서 항상 10에서 15도를 유지해야 산패도 적고, 젓갈 신선도를 유지하기 좋아요. 이게 강경 젓갈 맛의 비법인 셈이죠."

"1, 2도만 달라도 젓갈 맛이 확 달라져요. 그래서 강경 젓갈 상인들은 이 온도 맞추는 데 온통 신경을 써요."

축제장 입구 금강 둔치에 이르자 멀리 전망대가 서 있고, 그 아래 큰 배 모양의 건물이 보였다. 강경 젓갈 전시관이었다. 안으로 들어서자 강경 젓갈의 유래와 토굴 모양의 저온창고, 강경 옛 모습과 축제 사진들이 전시되어 있어 강경의 영광과 쇠퇴, 또 다른 희망의 미래를 볼 수 있었다. 전시관 4층 옥상에서 바라본 금강의 물줄기는 흐르는 듯 마는 듯 물결이 없었다. 왠지 멀리 부여로 향하는 물길이 축제장의 혼잡함과는 달리 쓸쓸하게 보였다. 나당연합군에 쓰러져 간 백제인의 영혼이 강물과 함께 흐르고 있어서일 것이라는 생각을 하는 동안 전화벨이 울렸다. 전시관 앞 복집에서 점심을 같이 하자는 젓갈협회장의 전화였다.

현대식으로 지어진 복집 2층에는 신축되기 전의 초라하고 낡은 한옥 지붕의 옛 사진이 훈장처럼 크게 걸려 있었다.

"이 집 참복국은 전국적으로 유명했었죠. 강경 지검에 근무하던 검사님들이 다른 곳으로 전출 가면 이 집 복국 얘기를 하도 많이 해서 전국적인 맛집으로 소문이 났었죠. 홍수로 원래 있던 가옥은 떠내려가고 새로 신축해서 이곳으로 이전한 거죠."

"세월이 흐르면서 주인도 바뀌고, 집도 바뀌었지만 그 명성만은 여전해요."

참복국 맛이 깔끔하고 시원했다. 복국과 함께 나온 '우어회' 맛도 다른 곳에서는 먹어 보지 못한 특미였다. 우어는 민물과 바닷물이 섞이는 금강 하류에서만 잡힌다고 했다.

"우어(위어, 웅어라고 함)는 옛 백제 임금님과 왕족들만 먹을 정도로 귀한 물고기였답니다."

"4, 5월경에 먹어야 제맛이 나지만 오늘 축제 특별메뉴로 나온 겁니다."

"참복국도, 우어회도 좋지만 강경 젓갈 백반이 먹어 보고 싶었는데…."

"교수님, 아쉽게도 젓갈 도시 강경에는 젓갈 백반을 전문으로 하는 식당은 한두 곳에 불과합니다."

"강경에 젓갈 음식점이 많지 않다는 것이 이상하네요."

"젓갈은 가을 한 철 장사라 나머지 계절에 손님이 많지 않아 식당 유지가 어렵다고 합니다."

둔치에 마련된 축제장의 갈대와 금강, 그리고 코스모스는 맑은 가을 하늘의 여유만큼 넉넉하게 눈앞에 펼쳐져 있었다. 저잣거리의 풍물 소리가 옛 영광을 되찾은 듯 금강에 울려 퍼지고, 짭짤한 젓갈 맛만큼 짠 기운이 강가에서 불어왔다.

04

©순천시청

흐미, 징한 이 맛!

남도 음식문화큰잔치

한입 씹자마자 그야말로 오래된 뒷간에서 풍겨 올라오는 듯한 가스가 입안에 폭발할 것처럼 가득 찼다가 코를 역류하여 푹 터져 나온다. 눈물이 찔끔 솟고 숨이 막힐 것 같다. (중략) 참으로 이것은 무어라 형용할 수 없는 혀와 입과 코와 눈과 모든 오감을 일깨워 흔들어 버리는 맛의 혁명이다.

소설가 황석영은 우연히 먹어 본 홍탁 맛이 "오감을 뒤흔든 맛의 혁명"이라고까지 말했다. 남도 음식 여행은 말만 들어도 들뜨고 침이 돋는다. 그도 그럴 것이 가장 즐거운 여행은 맛을 찾아 떠나는 여행이고, 우리나라 맛 여행의 최적지는 남도요, 남도 음식의 특징은 감칠맛이라 생각하기 때문이다. 원래 남도는 서울의 남쪽, 즉 경기 이남 지방을 통칭하는 말이었지만 현재는 주로 전라도 지방을 일컫는 경우가 많다.

다음 일정 때문에 떡갈비 맛이 일품인 담양에서 대나무 녹차만을 한 잔 마시고 떠나야 하는 것이 아쉽기만 했다. 동행한 박 교수는 "남도 음식의 진수를 맛보러 가는데 아쉬울 게 뭐 있냐?"고 핀잔을 주었다. 언젠가 눈 내리는 겨울날 죽녹원 앞 식당에서 먹었던 떡갈비 맛을 잊을 수가 없어 다시 한 번 담양을 찾으리라 다짐하고 가던 길을 떠났다.

광주를 지나 순천 낙안읍성으로 가는 길목에 들어서자 단풍이 사방에 병풍을 치고, 돌담이 아름다운 작은 마을이 멀리 보였다. 시간여행을 하는 것은 아닌지 착각할 정도로 고풍스러운 풍경이 나타났다. 요즘 보기 드문 돌담과 사립문 안에 초가와 기와집들이 사이좋게 옹기종기 모여 있었기 때문이다. 낙안읍성 민속 마을이다.

북벌운동으로 유명한 임경업 장군이 토성을 석성으로 개축하여 잘 보존된 낙안읍성 안에는 조선 시대부터 지금까지 일반 백성들이 집을 짓고 삶의 터전으로 삼아 살아가고 있다. 정문 격인 쌍청루(雙淸樓)를 통해 성안으로 들어서자 장독보다도 더 낮은 돌담이 초가집 사이로 경계를 짓고 있는 모습이 친근하게 눈에 들어왔다. 물레방아, 대장간, 민속 장터 등 옛 모습을 추억할 수 있는 모습도 가을 정취와 잘 어울렸다.

축제 행사가 읍성 내부에서 진행되고 있었으므로 마을의 제 모습을 정확하게 볼 수는 없었지만 동헌이나 객사도 옛 모습을 그대로 간직하고 있었다. 남도 음식문화큰잔치는 남도 음식과 성곽, 기와집과 초가, 대장간, 단풍까지 잘 조화된 축제라는 느낌이 들었다. 어쩌면 남도의 음식 맛도 이런 조화를 바탕에 깔고 있을 것 같았다.

우리나라의 음식문화는 지정학적인 영향을 받으며 발전해 왔다. 지리적으로는 삼면이 바다로 둘러싸여 있고, 북쪽으로는 만주대륙을 거쳐 북방문

'한국의 부엌'이라고 불리는 남도의 음식은 가짓수가 유난히 많고, 기후가 따뜻하여 독특한 맛의 젓갈이 많은 것이 특징이다

화가 전래했으며, 남쪽에서는 해양문화가 유입되어 발달해 왔다. 근세 이후에는 서구의 조리법이 소개되어 음식문화가 더욱 다양해졌다. 그렇지만 우리나라 음식문화의 토대는 뭐니 뭐니 해도 쌀과 밥이다. 이러한 쌀과 밥을 기본으로 하는 음식문화는 조선 시대에 완성된 것이 대부분이다.

조선 시대는 유교 문화가 전 사회적 가치를 지배했으므로 제사와 가족제도에 따른 음식이 중요시되었다. 또한, 임진왜란 이후 전래된 고추는 담백한 맛을 냈던 우리 음식을 조화미를 중요시하는 맛으로 변화시켰다. 이러한 음식문화는 지역의 관습, 날씨나 기후, 지형에 영향을 받으며 조금씩 다른 맛을 띠며 발전하기 마련이다.

특히, 평야가 많은 전라도 지방은 북부 지방과는 달리 쌀 문화권의 특징이 음식에 강하게 나타난다. 북부 지방이 밀과 육류를 바탕으로 국수와 만두가 발달했다면 전라도 지방은 밥, 떡, 한과, 해산물 요리가 발달했고, 생선과 육류는 날것으로 먹는 경우가 많았다.

남도는 서남해의 기름진 평야와 해안을 끼고 있어 곡식, 해물, 산채가 풍부했다. 그래서 음식의 가짓수가 유난히 많은 것도 특징이다. 기후가 따뜻하여 독특한 맛의 젓갈도 많았다. 남도 음식은 대개 간이 센 편이고, 고춧가루를 많이 써서 맵고, 갖은양념을 넣어 만들기 때문에 맛이 진하며 감칠맛이 난다.

또, 이 지역에는 오래전부터 가문의 전통으로 음식 솜씨가 뛰어난 양반가가 많았다. 이들은 현재도 가문 음식에 대한 정성이 유별나다. 게다가 조선시대 한양 등지에서 귀양 온 사대부 집안의 음식과 조리법도 남도 음식문화를 발전시키는 데 기여했다.

이런 여러 가지 사회적 배경이 남도를 오늘날 각광 받는 음식문화 여행지로 만들었다. 특히, 최근 들어 남도는 한류 열풍과 더불어 곰탕, 홍어, 갓김치, 홍주, 부각 등 독특한 맛을 내는 음식이 많아 식도락 여행지로 외국인 관광객들에게까지 널리 알려져 있다.

서남해의 기름진 평야와 해안을 끼고 있어 남도 음식은 곡식, 해물, 산채 중심으로 발달했다.

© 순천시청

© 순천시청

남도는 인심 좋고, 정도 많으며, 문화도 발달한 지역이지만 남도 여행의 백미는 단연코 음식이라고 나는 생각한다. 이를 증명이라도 하려는 듯, 축제장인 낙안읍성 민속 마을은 오전 시간인데도 불구하고 타지에서 온 관광객들로 인산인해였다. '한국의 부엌'이라고 자부하는 남도에서 대표 음식을 한자리에서 맛보고 즐길 수 있다는 것은 관광객들에게는 큰 행운이 아닐 수 없다. 그래서인지 남도 음식문화큰잔치에 온 관광객들의 발길에는 생동감이 넘쳤다. 낙안읍성 민속 마을은 온통 맛의 울림 속에 잠겨 있었고, 이곳을 찾은 사람들의 눈과 입은 사치스러운 호강을 즐기기에 충분했다.

남도 음식 전시관에서는 '보기 좋은 떡이 먹기도 좋다'며 정성스럽게 요리한 음식을 상차림으로 전시해 놓아 눈으로 먹는 진수성찬이 되었다. 시·군 음식관에 이르자 시장기가 돌았으나 박 교수는 각 시·군의 대표 맛을 두루 둘러 보고 난 뒤에 점심 메뉴를 결정하는 것이 좋겠다고 제안했다. 어느 한 메뉴를 고르기 쉽지 않을 만큼 독특한 음식들이 우리를 유혹했기 때문이다.

"음식은 제철에 먹어야 제맛이제!"
"순천 꼬막 맛은 요 때가 최고라잉!"

몇 년 전 순천여행 때 큰 양푼 그릇에 새콤달콤한 야채에다 참기름 한 방울 톡 떨어트려서 쓱쓱 비벼 먹었던 밥도둑 꼬막회 무침이 생각났다. 꼬막전, 피꼬막, 양념꼬막 등 다양한 꼬막 요리와 낙지호롱이, 간장새우, 조기찜 등 맛깔스러운 밑반찬이 푸짐하게 나왔던 순천 꼬막정식이 오늘따라 더욱 맛깔스러워 보였다.

입에 착 달라붙는 감칠맛 나는 전라도 사투리가 나는 쪽을 쳐다보자, 낙지요리를 먹으러 온 관광객 부부가 살아 꿈틀대는 뻘낙지를 나무젓가락에 돌돌 말아 어쩔 줄 몰라 했다. 우리와 눈이 마주치자 계면쩍은 웃음을 짓는다.

"지쳐 쓰러진 소도 벌떡 일으켜 세우는 무안낙지, 보양식으로 최고 지라잉."

"야들야들한 무안낙지 맛보고 가소!"

주인아주머니의 권유에 우리의 발길도 멈칫할 수밖에 없었다.

바로 옆 영암군에서는 갯벌의 영양분을 간직하고 있다는 '짱뚱어탕'을 선보이고 있었다. 아무것도 먹지 않고도 한 달을 사는 짱뚱어는 스태미너

장뚱어탕

음식으로는 최고며, 겨울잠을 자기 전 영양분을 비축한 가을에 먹어야 제 맛이라고 주인아저씨가 설명했다. 그러자 유난히 주의 깊게 듣는 중년 남성들이 많았다. 생소한 음식이라는 점과 스태미너 음식이라는 말에 귀가 솔깃한 눈치다.

먹기가 아까워 천장에 매달아 놓고 쳐다보며 밥을 먹었다는 '자린고비'의 고장 영광군에서는 '영광 법성포 굴비는 예부터 임금님의 수라상에 으뜸으로 오르는 진상품'이라는 점을 강조하기 위해 큰 사진을 내걸고 관광객들의 눈길을 사로잡고 있었다.

또, 홍어, 불고기, 조기를 비롯해 20가지가 넘는 반찬이 한 상에 차려 나오는 강진군의 한정식도 관광객들의 눈과 입을 붙들기에 부족함이 없어 보였다.

"전라도 잔칫상에 홍어 빠지면 하찬(下饌)이랑께."

"잔칫상에 홍어가 반몫이라는 말도 못 들어봤소?"

나주 홍어집 아주머니는 시식코너의 홍어 한 조각을 얼른 집어 삶은 돼지고기와 김치 한 조각을 얹어 내 입에 불쑥 넣어 주었다. 무심결에 받아먹은 홍탁삼합에 내 얼굴은 홍당무가 되고 말았다. 재래식 화장실에서 나는 듯한 독한 냄새 때문에 식은땀이 났으나 차마 싫은 표정을 지을 수가 없었다.

"맛이 독특하네요."

어정쩡한 대답에 옆에서 구경하던 사람들이 내 얼굴을 쳐다보며 이내 폭소를 터뜨렸다.

"홍탁에 막걸리가 빠지면 되남요?" 막걸리도 한 잔 건네왔다.

"아따, 이거 지대로 삭았는디?"

"흐미, 징한 이 맛!"

주인아주머니는 능청스럽게 자신도 홍탁을 한입 물고 내게 동의를 구했다. 옆에 있던 박 교수가 한마디 거들었다.

"홍탁 맛을 어떻게 말로 표현한다요? 입으로 느끼고 몸으로 알아야제."

보통 생선은 삭힐 경우, 먹을 수 없지만 홍어는 오히려 쌀겨에 묻어 몇 개월 삭혀야 발효가 되어 맛이 제대로 든다는 아주머니의 부연설명이 이어졌다. 홍탁은 한동안 다른 지역에서 온 관광객들이나 외국인들에게는 홀대받던 음식이었다. 지금은 오히려 홍탁을 몰랐던 부산, 대구 등 경상도 관광객들이 더 많이 찾는 대표적인 남도 음식이라는 자랑도 빼놓지 않았다. 외국인들조차 처음 먹을 때는 대개 그 독특한 향과 맛에 무척 당황해하지만 먹으면 먹을수록 그 깊은 맛에 빠져 마니아가 되는 경우가 많다고 홍탁 예찬론을 늘어놓았다.

얼떨결에 마주친 나주 홍탁과 막걸리 한 잔에 넋을 잃고 있는 나를 쳐다보던 박 교수는 "형님, 홍탁삼합 한 점과 막걸리 한 잔으로 오늘 남도 음식

제대로 맛보네요!"라며 남도 음식문화큰잔치의 화려한 오찬을 한마디 말로 정리해 주었다.

남도 음식문화큰잔치에서는 매년 추수 감사의 의미를 담아 풍요와 안녕을 기원하며 22개 시·군 대표 음식을 하늘에 바치는 상달제를 올리고, 음식을 나르는 진설 행렬도 펼친다. 별미방에서는 남도 음식 명인들이 직접 알려주는 쿠킹 클래스가 매일 진행되고, 전시된 음식은 직접 맛볼 수도 있다. 외국인 관광객 요리경연대회, 시·군 음식 만들기, 남도 한정식 임금님 수라상 체험 등의 행사도 축제의 맛을 한층 맛깔스럽게 하는 조미료가 되기에 충분했다.

혀, 입, 코, 눈 등 오감을 일깨우는 홍탁삼합

05

600미터 무지개 가래떡 뽑기

임금님 수라상의 주인공

이천 쌀문화 축제

가을이 무르익어 가는 설봉공원은 온통 단풍으로 물들어 있다. 이천 8경으로 꼽히는 이곳에서는 아침부터 쌀문화 축제의 향연이 펼쳐져 발 디딜 틈이 없을 정도로 혼잡하다. 그 흔한 쌀 축제에 웬 관광객이 이리도 많을까 의구심이 들었다. 짐짓 모르는 척 시침을 뚝 떼고 축제담당자에게 물어보았다.

"자랑할 만한 이천 특산물이 뭔가요?"

"당연히 도자기와 쌀이죠."

"인근 여주, 광주와 함께 이천 도자기가 유명한 걸 알고 있지만, 전국 어디서도 흔한 쌀을 이천에서 유달리 특산물이라고 자랑하는 이유라도 있나요?"

"이천 쌀을 임금님표 쌀이라고 하는 데는 다 연유가 있죠. 조선 성종임금님이 여주의 영릉(세종대왕릉)에 성묘하고 궁으로 되돌아가시다가 이천 쌀로 지은 수라상을 드셨는데, 그 맛이 워낙 좋아 궁에 가셔서도 이천 쌀밥만을 찾으셨답니다. 이때부터 산해진미로 가득한 수라상의 주인공은 이천 쌀밥이 차지하게 되었다고 합니다."

"이천 쌀밥 맛이 일품이겠네요."

"진상미가 되면서 그 밥맛이 전국적으로 유명세를 타게 되었으니 이천 쌀은 근 500여 년의 역사를 가지고 있는 셈입니다. 이 정도면 이천 특산물이라 할 수 있겠지요? 축제를 여는 것도 당연한 거고요."

경기도 이천은 벼의 생육에 유리한 사양질 토양이 풍부하다. 그리고 쌀알이 투명하며 밥에 윤기가 돌아 국내 벼 품종 중 가장 밥맛이 좋다고 알려진 '추정벼'를 친환경농법으로 재배하고 있다. 일조량이 많고 밤낮의 기온 차가 크다는 것도 이천 쌀의 품질을 높이는 데 기여하고 있다.

1. 가래떡 길게 뽑기

2. 탈곡기 체험

1 © 이천시청

2 © 이천시청

임금님 수라상으로 시작된 이천 쌀은 오늘날 '임금님표 이천 쌀'이라는 브랜드가 되었다. 이 쌀의 브랜드 유지를 위해서 이천시에서는 생산, 수확, 저장에 이르는 전 공정을 유난히 깐깐하게 관리하고 있다. 특히, 쌀은 파종부터 생산까지 농부들의 손길을 88번이나 필요로 할 정도로 정성을 들여야 한다. 그래서 한자의 쌀 미(米) 자를 떼 살펴보면 8(八), 10(十), 8(八)이 되는데, 이를 본떠 매년 8월 18일을 '쌀의 날'로 지정했다고 말할 정도로 정성이 필요한 곡식이다.

옥수수, 밀과 함께 세계 3대 식량으로 기원전 2천 년경에 중국으로부터 들어와 우리 밥상을 지켜온 쌀. 쌀은 인류문명의 발전과 궤를 함께해 왔으나 우리 민족에게는 단순히 먹을거리 이상의 문화적 상징이라 할 수 있다.

아이가 태어나면 쌀 한 그릇과 미역국을 먹었고, 평생 배불리 잘 먹고 살라는 의미에서 돌상에도 쌀밥을 놓았다. 그리고 심지어 인생을 마감할 때에도 망자에게 버드나무 젓가락으로 쌀을 세 번 떠먹여 배고프지 않고 저승까지 갈 수 있도록 배려했다. 제사상에도 으레 쌀로 지은 밥을 올렸다. 그래서 우리 민족에게 쌀은 '문화 전반에 흐르는 정신적 요소에 결합된 한국적 음식을 의미한다'고 해도 과언이 아니다.

이런 쌀도 조선 중기 이후에나 일반 백성들이 주식으로 먹을 수 있었다. 영조 때 관개시설을 정비하고 모내기 농법으로 쌀 생산량이 많아졌기 때문이다. 통일 신라 시대에는 귀족들만 쌀을 주식으로 먹을 수 있었고, 고려 시대에는 쌀이 물가 기준이 되기도 했다.

점심시간이 아직 일렀으나 이천 쌀문화 축제장에서는 쫀득쫀득한 감칠맛으로 새롭게 태어난 쌀 떡볶이와 가래떡, 쌀국수, 쌀 과자, 이천 쌀 김밥 등 친숙한 먹을거리들이 관광객들의 발목을 잡고 있었다. 늘 우리 곁에서 친숙한 음식들을 펼쳐놓고 먹는 축제가 특별할 리가 없지만 최근 오랫동안 주식이었던 쌀이 요즘 사람들에게 '쌀쌀맞은 대접'을 받고 있기 때문에 쌀문화 축제에 더 애틋함이 가는지 모르겠다.

매년 풍작이라 재고가 쌓이는 데다가 식문화가 서구화되면서 쌀을 덜 먹지만 여름 내내 따가운 태양 아래서 농사일을 한 농심을 위로한다는 의미에서라도 쌀문화 축제는 의의가 있을 것 같았다. 불과 몇십 년 전의 춥고 배고팠던 보릿고개를 기억한다면 비록 "밥이 보약"이라든가 "밥심으로 산다"는 말을 잘 들을 수 없는 시대에 산다고 할지라도 한국인은 쌀의 소중함을 결코 잊어서는 안 된다.

이천 쌀문화 축제장은 다른 축제장과 달랐다. 우선 볼썽사나운 방송용 무대가 보이지 않았다. 축제장을 13개의 마당으로 분리한 뒤, 테마별로 프로그램들을 진행하고 있었는데, 대부분 마당놀이처럼 관광객들이 직접 참여하여 즐길 수 있게 구성한 것이 특이했다. 한 마당 한 마당 지나면서 보고 즐기는데 시간이 꽤 걸렸다. 전형적인 우리 전통놀이식 축제장 구조였다.

이천 쌀로 만든 음식도 의외로 많았다. 간식인 강정이나 튀밥을 무료시식코너에 갖다 놓아 축제장 전체에 푸근한 고향 인심이 넘쳐흘렀다. 또, 경기도 이천시와 2천 명의 관광객이 참여한다는 이미지를 각인시키고, 축제의 정체성을 나타내기 위해 햅쌀로 가마솥에 밥을 하여 2천 원에 나누어 주는

'가마솥 2천 명' 행사도 열렸다. 참여하는 관광객들은 긴 줄을 서면서도 얼굴에는 싫은 기색이 없었다.

몇 개 마당을 도는 사이, 시장기가 밀려왔다. 가마솥 뚜껑에서 굽는 삼겹살이 눈에 확 들어왔지만 대기하는 사람이 많아 발길을 돌릴 수밖에 없었다.

"이천에 왔으니 쌀밥을 임금님처럼 먹어 볼 수 있는 곳을 안내해 달라"는 내 요청에 담당자는 시내에 있는 맛집 한 곳을 '강력 추천'했다. 이천 쌀밥과 게, 회가 나오는 전문식당으로 반찬도 맛깔스러웠지만 김이 모락모락 나는 이천 쌀밥은 맨밥으로 먹어도 찰진 식감이 명성 그대로였다. 바닷가는 아니지만 신선한 대게가 먹음직스러웠다. 게가 쪄지길 기다리는 동안 초밥, 차돌숙주볶음, 새우, 튀김, 꽁치, 낙지호롱, 가자미, 모둠회, 탕, 게딱지 밥 등의 다양한 곁들이 반찬 맛도 좋았다. 그렇지만 화려한 반찬보다 이천 쌀로 끓여 나온 숭늉과 누룽지는 호사스러운 오찬의 끝을 구수하게 마무리했다.

식후의 노곤함이 밀려왔지만 '600미터 무지개 가래떡 뽑기'가 곧 있을 예정이라는 방송에 귀가 번쩍했다. 끊기지 않고 이천 쌀 가래떡을 몇백 미터 뽑는다는 것이 쉽지 않을 것이라는 생각에 꼭 보고 싶었던 참이었다.

어렸을 때 가래떡을 뽑으면 식힌 후 썰어서 어머니가 바로 떡국을 만들어 주시기도 했고, 김이 모락모락 나는 금방 뽑은 가래떡을 꿀이나 조청에 찍어 먹은 기억도 있다. 특별한 간식거리가 없었던 시절, 가래떡은 풍요로운 먹거리였다.

본래 가래떡을 흰색으로 한 것은 '순수하고 깨끗하다'는 의미가 있는데,

'가마솥 2천 명' 행사는 쌀문화 축제에서 인기 있는 프로그램 중 하나이다.

이천 쌀문화 축제장에서는 오색으로 옷을 갈아입은 떡이 많았다. 가래떡을 길게 뽑아내는 것은 '재산과 가족의 건강이 쑥쑥 늘어나기를 바라는, 즉 재복과 무병장수를 기원하는 의미'이다. 이를 알고 있다는 듯, 설봉공원 중앙로 가래떡 받침대에는 이미 양쪽으로 수천 명의 관광객들이 가래떡을 뽑기 위해 줄지어 서 있었다. 그들은 마치 산파가 아이를 받듯이 조심스럽게 가래떡을 받아 똬리를 틀어 가며 늘어놓았는데, 그 모습이 일종의 엄숙한 종교의식 같았다.

가래떡 뽑기가 어른들을 위한 마당이었다면 축제장 내에 모내기부터 쌀을 가공하는 과정까지 한곳에서 보고 체험할 수 있게 구성한 곳은 어린이들을 위한 마당이었다. 이곳에서는 '벼는 익을수록 고개를 숙이는 법'이라며

겸손의 미덕까지 가르쳐 주었다. 처음 보는 탈곡기에 볏가리를 들고 탈곡을 하는 어린이들의 모습은 여느 사이버 게임을 하는 것보다 즐거워 보였다.

세계 쌀 생산량의 90% 이상이 아시아 여러 나라에서 생산되고 있어서인지 태국, 필리핀, 중국, 일본, 러시아 등 아시아권에서 온 듯한 관광객들이 눈에 많이 띄었다. 이들은 치킨과 막걸리의 조화를 느껴 보기도 하고, 소고기 국밥 한 그릇에 임금님 쌀밥을 말아 먹는 풍요를 맛보기도 했다. 이들이 즐기는 이천 쌀문화 축제에 설봉공원의 풍치와 가을걷이의 넉넉함이 더해지고 있었다.

축제에서는 이천 임금님표 쌀로 만든 백설기며 가래떡, 인절미가 요즘 사람들에게도 최고의 에너지원으로 손색이 없다는 것을 증명하였다. '밥은 담장을 넘지 않지만 떡은 담장을 넘는다'는 말처럼 이천 쌀로 만든 가래떡이 서로를 이해하고 나누는 미덕을 보여주게 되기를 기대해 본다.

이천 쌀문화 축제는 볼 것 많고, 할 것 많고, 먹을 것이 유난히 많은 축제라는 생각을 하며 설봉공원을 어둠 뒤 배경으로 두고 축제장을 떠났다.

축제를 이해하기 위한 키워드 3 : 트렌드 상품(Trend Goods)

축제와 '멋'

'멋' 있는 축제

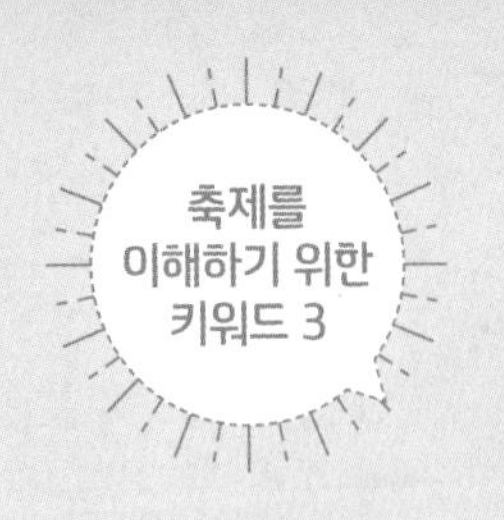

트렌드 상품 (Trend Goods)

'밥 잘 사 주는 예쁜 엄마 시대'에는 축제도 트렌드 상품이다. 축제 시장에서의 트렌드는 관광객들이 축제장을 방문하도록 이끄는 원동력이다. 이 트렌드는 일정한 기간, 일정 수의 사람들만이 공유하는 행동 양식이나 문화양식인 유행과는 달리 바위처럼 꿋꿋하고 10년 이상 지속되는 경우가 많다. 그래서 축제 트렌드는 과학적 근거는 약하지만 관광객들이 공유하는 '마음의 버릇'으로 현재의 축제 성공 여부를 결정하는 방향타가 될 수 있기 때문에 이를 잘 분석할 필요가 있다.

"트렌드를 아는 자가 세상을 지배한다"는 말도 있다. 빠르게 변화하는 세상 속에서 불확실성을 감소시키고 먼저 기회를 잡기 위해선 트렌드 파악은 필수적이다. 축제 트렌드는 눈에 보이지도 손에 잡히지도 않지만 이를 통해 축제장을 찾는 사람들의 마음을 미리 읽어야 성공할 수 있다. 역으로 요즘 성공한 축제들을 분석하면 트렌드를 읽어 낼 수도 있다. 이러한 축제 트렌드를 분석하기 위해 빅 데이터를 이용하는 경우가 점차 늘어나고 있는데, 수

요자 중심의 축제분석이라는 점에서 의미가 크지만 이 방법만으로는 축제 트렌드를 정확하게 파악하기는 쉽지 않다.

사회의 여러 현상과 데이터를 종합 분석함으로써 축제 트렌드를 정확하게 이해하는 것은 이제 축제 기획자들이 반드시 해야 하는 일 중의 하나인 시대가 되었다.

서울대학교 소비트렌드분석센터에서 발표한 2019년 소비 트렌드의 키워드를 축제와 연관해서 분석해 볼 수 있다.

우선 축제의 주제와 콘셉트를 어떻게 잡느냐에 따라 관광객의 행동을 유발할 수 있으므로 특히, 새로운 축제 개발 시 다른 축제에서 흉내 낼 수 없는 콘셉트 연출이 필요하다(Play the Concept : 콘셉트를 연출하라).

SNS 등 비대면 서비스가 확대되고, 개별 크리에이터들은 유튜브 등 1인 미디어에서 1인 마켓으로 발전되고 있으므로 이들을 위한 눈에 띄는 축제 볼거리 프로그램이 반드시 필요하다(Invite to the 'Cell Market' : 세포 마켓).

과거의 문화를 경험해 보지 못한 젊은 세대가 과거의 것에 흥미를 느끼며 새로운 문화로 소비하는 경향이 있으므로 과거와 관련된 축제 주제라고 해서 젊은 층들이 무작정 외면하지는 않는다. 광주 '추억의 충장 축제'와 같은 과거를 테마로 하는 축제는 흥미와 재미요소를 어떻게 구성하느냐에 따라 젊은 층에게도 잘 어필될 수 있다(Going New-tro : 요즘 옛날).

요즘 미세먼지나 공해, 쓰레기 처리문제는 현대인들의 최대 관심사가 되었다(Green Survival : 필환경 시대). 그러므로 1급수에서만 서식하는 물고기인 산천어를 주제로 한 '화천 산천어 축제'나 청정지역임을 상징하는 '무주 반딧불' 축제가 성공한 것은 이러한 트렌드와도 부합되고 있다. 이제는 축제에서도 친환경을 넘어 필환경 시대가 온 것이다.

기계문명이 발달하여 축제의 탈일상석 기능을 사이버, 이모티콘 등 다른 수단이 대체한다고 해도 감정을 기계가 대리할 수는 없다. 그래서 축제장에서는 감정교류를 위한 스킨십 요소를 강화할 필요가 있다(You are my Proxy Emotion : 감정 대리인).

그리고 현대인들은 옷 입는 것, 밥 먹는 것조차도 각종 데이터를 활용하므로 해당 축제에 관한 여러 가지 정보를 SNS에 공개하여 이를 통해 축제장 방문 결정의 포인트로 삼을 필요가 있다(Data Intelligence : 데이터 인텔리전스).

축제장을 하나의 프로그램 진행 장소로만 인식할 것이 아니라 카멜레온처럼 사람과 시간에 따라 변화되는 공간으로 바꾸어야 한다. 특히 축제장을 온라인에 밀린 오프라인의 감성 소비 안식처로 만들어야 한다(Rebirth of Space : 공간의 재탄생).

요즘 워킹 맘들은 가족에게 밥을 직접 해 주는 대신, 밥을 사 주고 나머지 시간은 자기계발에 투자한다. '밥 잘 사 주는 예쁜 엄마'들만을 위한 축제 프로그램 개발은 성공 가능성이 크다(Emerging Millennial Family : 밀레니얼 가족).

타인의 시선을 의식하지 않고 자기애로 무장한 세대에게는 평범한 대규모 축제보다는 특별한 마니아 중심의 소형 축제가 더 어필될 수 있다(As being Myblank : 그곳만이 내 세상, 나나랜드).

축제 주최자와 관광객 사이의 안내와 서비스 형태는 워크밸 (Worker-Customer-Balance) 형식으로 전환시킬 가능성이 크다.

이 외에도 축제장 먹거리 장터에서는 노블 푸드(Novel Food : 새로운 기능이 부여되고 강조된 신개념 음식), 산업형 축제의 특산물 판매장에서는 무포장(Naked Goods : 환경오염의 주범인 포장을 아예 벗겨 버림), 각종 축제 서비스의 무대면화(Unmanned : 비대면 서비스를 선호하는 젊은 층을 위한 무인화), 여성층을 고려한 쉬코노미(Sheconomy : 여성층 사로잡기), 각종 축제 프로그램의 체험화(Experiential Tour : 특별한 경험 여행) 등도 눈여겨볼 만한 새로운 축제 트렌드라고 할 수 있다.

청정지역에서 서식하는 반딧불이는
현대인들의 환경친화 욕구에 잘 부합되므로
축제 소재로 각광받고 있다.

축제와 '멋'

축제장은 마치 밥을 담는 그릇과 같다. 그릇이 아름답고 음식과 잘 어울리면 음식 맛이 한층 돋보일 뿐 아니라 음식의 품격을 높이는 효과가 있다. 축제 중에는 축제 콘텐츠를 한층 돋보이게 만드는 멋진 풍경을 가진 축제가 여럿 있다. 이런 풍경 중에는 인위적으로 조성한 곳도 있고, 자연스럽게 조성된 곳도 있다. 일반적으로 인간이 인위적으로 조성한 것을 '조경'이라 말하고, 최대한 인위를 억제하고 자연과의 관계 맺음이 조화롭게 조성된 것을 '풍광'이라고 한다.

우리 선조들은 '기화요초(琪花瑤草 : 옥같이 고운 풀에 구슬같이 아름다운 꽃)'라 하여 인위적인 것보다는 자연적인 것이 중요하다고 강조하였으나 축제장의 멋진 풍경은 그것이 조경이든 풍광이든 관계없다.

왜냐면 일찍이 《주역》에서 관광을 "관국지광 이용빈우왕(觀國之光 利用賓于王 : 나라의 풍광을 보는 것은 왕을 이롭게 한다)"이라 했듯이 멋진 풍광을 보는 것은 개인적으로는 마음의 도량을 넓게 하는 행위지만 나라님을 보좌하는 데 이로운 일일 정도로 그 효용이 크기 때문이다. 그래서 축제장의 아름다운 풍광은 일상생활에 찌든 현대인들의 '리프레시' 이상의 수단이 되고도 남는다.

축제의 경쟁력은 대체로 차별화된 콘텐츠가 좌우하는 경우가 많지만 축제장의 멋진 풍경만으로도 큰 경쟁력이 될 수도 있다. 풍경도 맛이다. 따라서 이제는 축제장의 풍경을 미적 대상으로 보고, 감상자의 축제에 대한 미적 태도에 미치는 영향까지도 한 번쯤 짚어 볼 필요가 있다. 이 같은 시도는 축제장의 풍경이 결과적으로 축제의 질적 향상을 높일 수도 있기 때문이다. 또, 축제장의 풍경이 축제장 환경 조성과 개선에 영향을 줄 수도 있기 때문이기도 하다.

축제장 풍경은 오염된 환경에 신음하고 있는 동시대인들 상호 간의 대화이자 소통 통로다. 축제장 환경보존과 계획의 합리적 범위와 방향을 제시하고, 그 가치를 계승하는 실천적 역할도 축제장의 풍경을 오늘날 우리가 여러 각도에서 생각하는 이유이기도 하다.

01

나를
멈춘다

고창 청보리밭 축제

보리피리 불며
봄 언덕
고향 그리워
피-ㄹ닐니리

보리피리 불며
꽃 청산
어릴 때 그리워
피-ㄹ닐니리

보리피리 불며
인환의 거리
인간사 그리워
피-ㄹ닐니리

보리피리 불며
방랑의 기산하
눈물의 언덕을
피-ㄹ닐니리

한센병으로 방황했던 자신의 삶의 애환과 어린 시절 고향에 대한 그리움을 그린 한하운의 시 「보리피리」다. 이제는 '눈물의 언덕'을 다 넘었건만 보리는 아직도 우리에게 가난과 고난, 향수를 불러일으킨다.

별다른 장난감이 없었던 시절, 농촌 아이들에게 보리피리는 유일한 놀이기구였다. 봄나물처럼 부드러운 청보리순은 데쳐서 먹기도 했고, 보리가 누렇게 익으면 허기를 달래기 위해 강가 모퉁이에서 보리 서리도 해 먹었다. 툇마루 위 식은 보리밥을 담은 삼태기에는 배고픔을 달래 주던 개떡과 감자, 고구마 몇 개가 늘 담겨 있었다. 이제는 사라져 버린 보리밭 오솔길에는 쟁기질하던 우리의 할아버지와 할아버지 할아버지의 추억조차 희미하다.

격동의 세월을 헤쳐 온 50대 이상의 연령대 사람들은 겨울철 '보리밭 밟기' 추억을 하나쯤은 갖고 있을 법하다. 가을에 심어 놓은 보리는 한겨울이 되면 고개를 내밀며 파릇파릇 자라기 시작한다. 이때 서릿발 때문에 땅이 뜨게 되는데, 보리 밑부분을 밟아 주지 않으면 얼어 죽기 쉬웠다. 그래서 학교를 파해 집에 오는 길에 책보자기를 멘 채 보리밭에 나가 보리밟기를 했다. 봄방학이 시작되면 코흘리개들도 모두 보리밭으로 나왔다. 논이 부족하고 쌀이 귀했으므로 보리농사라도 풍년이 들어야 그나마 배고픔을 면할 수 있었기 때문이다. 보리를 빻아 만든 미숫가루가 벼를 수확하기 전까지 허기를 채워주는 유일한 곡물이었던 시절이다.

조선 영조 35년, 왕후가 세상을 뜬 지 3년이 되어 새로운 왕후를 간택하게 되었다. 스무 명의 빼어난 미모와 뼈대 있는 가문의 규수들이 모여들었다. 그중 한양 남산골 김한구의 열다섯 난 딸도 포함되어 있었다.

"이 세상에서 제일 높은 고개는 무슨 고개인고?"

"보릿고개가 제일 높은 고개이옵니다."

"보릿고개는 산도 아닌데 어이하여 제일 높다 하는고?"

보리밭 황톳길을 걸어가면 뉘 부르는 소리가 들리는 듯하다.

"농사짓는 농부들은 보리 이삭이 여물기도 전에 묵은 식량이 다 떨어지옵니다. 이때가 살기에 가장 어려운 때입니다. 그러니 보릿고개는 세상에서 가장 넘기 어려운 고개가 아니오리까?"

대답을 들은 임금님이 감탄하여 이 처녀를 왕비로 간택했다. 그가 훗날 정순왕후다. 이때부터 '보릿고개'라는 말이 세상 사람들에게 알려지게 되었고, 가난하고 힘든 상황을 일컫는 말이 되었다.

산업화 성공 이후 보릿고개가 사라지고 보리밥은 식탁에서 점차 보기 힘들어졌다. 그러나 요즘 보리밭이 우리 눈에 다시 보이고, 보리는 많은 사람이 찾는 곡물이 되었다. 애절하고 높기만 했던 '보릿고개'를 요즘 사람들이 알 리가 없지만 필환경 시대가 열리면서 보리밭은 가장 '멋'있는 장소가 되었다. 보리가 건강식품으로 자리매김하면서 우리 밥상에서 쌀보다도 더 귀하게 대접받는 시대가 되었기 때문이다.

봄은 보리밭에서부터 온다고 했다. 겨울 추위에 대지가 얼어붙고 초목은 꿈쩍도 하지 않았을 때도 보리밭만은 푸른 생명으로 가득했다. 겨울이 가자 고랑 사이로 연둣빛의 보리 싹이 고개를 내미는 모습이 경이롭기까지 하다. 보리피리 불며 향긋한 봄 정취를 만끽할 수 있는 고창 청보리밭 축제가 봄을 몰고 왔다. 초록 물결 넘실대는 우리나라 대표 경관 농업 축제다.

고창 청보리밭 축제는 우리나라에서 보기 드문 순수 민간 주도형 축제다. 축제가 열리는 '학원농장'이 개인 소유인 데다 축제 운영도 대부분 농장주가 맡아서 하고 있다. 이곳 청보리밭은 국무총리를 역임한 진의종 씨가 미

개발 야산을 개간하여 만들었다. 처음에는 잠업을 위한 뽕나무를 식재하였고, 한때는 한우 목초 재배지였다. 그 후에는 수박, 땅콩 등을 심었으나 1990년대에 보리와 화훼 농업을 병행하면서 농업에 관광을 접목하기 시작했다. 2000년대 친환경 시대가 열리면서 이곳은 보리밭의 푸르름만으로도 유명 관광지로 변신했다.

'멋'있는 경관과 청정한 자연을 찾는 새로운 관광 욕구에 잘 부응한 것이다. 봄에는 보리를 심고 여름에는 해바라기, 가을에는 메밀을 심어 철마다 옷을 갈아입는 관광지가 되면서 농가 소득도 늘어났다. 심지어 2004년 전국 최초로 '경관농업특구'로 지정되었다. 축제는 이때부터 본격적으로 기획되고 진행되었다.

허기를 채우기 위해 먹던 보리가 보고, 느끼고, 찍고, 감동하는 보리로 바뀐 것이다. 청보리밭 축제에는 시끌벅적한 자극적인 프로그램이 많지 않다. 사람들은 이곳에서 흑백사진 속 정겨운 보리밭길, 켜켜이 먼지 쌓인 한 장의 추억을 떠올리려 하기 때문이다.

"어디서 오셨나요?"

"대구서 왔어예."

"그쪽에는 보리밭이 많이 없나 보죠?"

"하모요, 옛날엔 경상도 사람을 보리 문디(보리 문둥이)라 캤는데, 요샌 통 보리밭을 볼 수도 없으니 문디도 다 사라지고 없대예. 그래서 오늘 보리 문디 다시 한번 돼 볼라꼬 왔심더."

"질리도록 먹었던 꽁당 보리밥도 오랜만에 먹어 보고…."

겨울이 길을 떠나면서 열어 둔 봄 들판에 푸르게 펼쳐지는 보리 바다. 고창 청보리밭에는 눈이 없어도 보이고, 붓이 없어도 그려지는 추억의 밑자락 푸른 언덕이 있다. 아지랑이 피어나는 황토 보리밭 샛길로 걸어 들어가자 머리끝까지 밀려드는 평온이 온몸을 감는다.

관광객들의 추억은 푸른 보리 알갱이와 함께 여물어 가고, 보리 이파리가 부딪히는 소리는 청춘의 소리처럼 들린다. 관광객들은 연신 카메라 셔터를 마음으로 찍고 있지만 발걸음은 봄날의 나비처럼 가볍고 경쾌하기만 하다. 나이 지긋한 초로의 관광객 미소 저편에는 한때의 흑백사진 같은 청춘을 초록색 보리밭에서 찾으려는 듯 아련한 추억이 어려 있다.

청보리의 초록 물결과 잘 어우러지는 노란 유채꽃 옆길에는 한 필의 말이 끄는 왜건이 느리게 지나가고 있다. '자연과 사람의 아름다운 하모니'의 한 장면이다. 황토 보리밭길 속, 연한 바람이 불 때마다 푸른 물결이 파도를 치며 일상에 지친 우리를 보듬어 안는다. 나는 파도에 몸을 맡긴 채 잠시 나를 멈추어 본다. 멀리 구릉 위에는 분홍빛 양산 2개가 푸른 보리 물결 위에 떠간다.

보리밭 축제장에는 아무런 장치도 소품도 필요할 것 같지 않았다. 입에 보리피리 하나 물고 홀로 걸을 수 있는 보리밭 황톳길 하나면 족하리라. 보리밭 사잇길로 걸어가면 뉘 부르는 소리 있어 나를 멈춘다.

보리비빔밥과 장어구이로 허기를 달랜 후, 복분자 모히토로 입가심을 하고 축제장을 나왔다. 내 귓가에는 아직도 보리밭 한편에 마련된 버스킹 공연장에서 흘러나오던 가곡이 조용히 울려 온다.

선비의 마음처럼 정갈한 다기

© 문경시청

흙으로 빚은 시

문경 찻사발 축제

개야 짖지 마라. 밤 사람이 모두 도둑인가?
조묵지 호고려님이 계신 곳에 다녀오겠노라.
그 개도 호고려 개로구나. 듣고 잠잠하노라.

2008년 일본의 한 고미술 수집가가 우리나라에 기증한 찻잔에는 한글로 쓰인 짧은 시가 적혀 있다. 이 시에는 임진왜란 당시 일본으로 잡혀간 도공이 하루 일과를 마치고 밤 산책을 하려는데, 개가 자신을 도둑 취급하며 짖는 소리를 듣고 서러워한다. 그러나 개가 짖는 것을 멈추자 '이 개도 조선의 개'라고 스스로 위안하며 고향을 그리워하는 애절한 마음이 담겨 있다. 찻잔이라기보다는 밥그릇이나 국그릇을 떠올리게 하는 투박한 모습. 고려청자나 이조백자처럼 화려하지도 않고 매끈하지도 못하지만 이를 만든 도공들의 삶만큼이나 순박한 모양이다.

17세기 일본의 권력층에서는 다도가 유행하고 있었고, 가장 인기가 많았

우리나라의 품격 있는 차 문화를 상징하는 문경 찻사발

던 물건이 바로 조선의 도자기였다. 그런 데다 명청 교체기의 혼란으로 인해 중국으로부터 도자기 수입이 어려워진 네덜란드 상인들은 임진왜란 때 끌려온 조선 도공들이 만든 일본 도자기를 유럽에 판매함으로써 막대한 부를 축적하였다. 이를 계기로 일본은 서양에서 '도자기의 나라'로 인식되었다. 임진왜란을 '도자기 전쟁(Ceramic War)'이라 부르는 것은 이 때문이다.

선조들의 뛰어난 도자기 제조기술 덕분에 우리나라에는 도자기 축제가 유난히 많다. 고려청자를 주제로 하는 강진 청자 축제, 생활도자기를 주제로 하는 여주 도자기 축제, 관요(官窯) 중심의 이천 도자기 축제, 왕실도자기를 주제로 하는 광주 도자기 축제 등이 그것이다. 그러나 강진, 여주, 이천, 광주의 도자기 축제가 주로 양반들이 사용하던 도자기가 주제인 반면, 문경 찻사발 축제는 서민들이 사용하던 막사발이 축제의 얼굴이다.

16~17세기의 막사발은 일부 파손된 것을 개밥그릇으로 사용할 정도로 서민의 생활과 밀접한 그릇이었다. 그래서 막사발에는 서민들의 순박한 심성이 그대로 배어 있어 색채와 형태가 자연스럽고 아름답다. 이 막사발이 우리 도공들에 의해 일본으로 전래되어 현재 일본에서는 주로 찻사발로 통용되고 있다.

도자기 축제가 열리는 곳은 나름대로 그 이유가 분명하다. 문경은 막사발의 생산여건이 좋았다. 영남지방에서 한양으로 가던 관문이었던 문경은 도자기 굽기에 좋은 흙과 땔감이 풍부했고, 교통수단이 발달하여 일찍부터 도공들이 많이 모였다. 도자기 굽는 가마터도 많을 수밖에 없었다. 여기서 생산된 막사발은 남한강과 낙동강 길을 이용해 쉽게 팔 수가 있었다.

막사발은 값이 아주 싸 서민들이 주로 사용하던 그릇이었으며 화려하지도 세련되지도 않았지만 덤덤하면서도 무심하게 드러나는 자연미가 특징이다. 이런 이유로 지금도 문경에는 전국적인 도예 명장 다수가 거주하여 활동하고 있으며, 장작을 때 가마를 굽는 전통을 그대로 유지하는 가마가 많이 남아 있다. 특히, 문경의 '망댕이 가마(외벽은 짚을 섞어 두껍게 진흙을 바르고, 내벽은 진흙 물로 매흙질을 하여 장작을 때는 가마)'는 우리나라에서 가장 오래된 전통가마로 유명하다.

요즘 사람들은 도자기 축제 하면, 1990년대 초 크게 히트했던 영화 〈사랑과 영혼〉의 여배우 데미 무어의 풀꽃 같은 이미지와 주제곡 '언체인드 멜로디(Unchained Melody)'를 많이 연상한다. 죽어서도 연인의 곁을 떠나지 못

문경 찻사발 축제가 열리는 문경새재 오픈 세트장

축제장으로 이어지는 문경새재 길

하는 애틋한 순애보의 명장면이 바로 '도자기 빚기'였고, 그 장면이 수많은 광고에서 패러디되었기 때문일 것이다. 그러나 문경 찻사발 축제에 가면 이런 이미지와는 또 다른 흙으로 빚은 투박한 아름다움의 유혹에 빠지게 된다.

봄바람이 가슴을 설레게 하는 5월의 아침, 문경새재는 싱그럽기만 하다. 찻사발이 봄바람에 춤추고, 새재길 가로수의 연초록 잎에서 힘찬 생명의 소리가 들린다. 선비들이 걸었던 길가엔 주막 대신 커피숍이 들어서 있다. 말끔히 단장된 흙길 왼쪽의 생태공원을 지나자 주흘관(主屹關) 현판이 눈에 들어왔다. 계곡 건너편에 드디어 왕궁과 마을이 나타났다. 수많은 사극과 영화를 촬영한 '문경새재 오픈 세트장'. 이곳이 문경 찻사발 축제장이다.

개막식을 보면서 덕담을 나누며 차를 마실 수 있도록 잔디밭 위에 테이블을 세팅해 놓은 것이 이채롭다. 행사장에 들어서자 한쪽에서 인근 대학 도예과 학생들이 나와 관광객들이 물레를 돌리며 성형을 해 가는 도자기 빚기 체험을 도와주기에 여념이 없다. 안쪽에는 어린이 사기장전에 입상한 작품이 전시되어 있고, 사기장의 하루 체험, 아름다운 찻자리 한마당, 도예인과의 대화의 장도 마련되어 있다. 찻사발 명장의 도자기 전시장에는 많은 관람객이 줄을 이어 장인들이 빚은 명작들을 숨소리마저 죽이며 감상에 빠져 있다. 목공예 공방에서는 '생명이 멈춘 나무에 새로운 생명을 심어준' 삭품에 감탄사가 연발되고 있다.

우리는 흔히 일어나는 일상의 일들을 '다반사(茶飯事)'라고 말한다. '차를 마실 정도로 흔한 일'이라는 뜻이었으니 과거 우리 민족의 차 사랑은 유난했던 모양이다. 《삼국사기》에도 "팔관회에서는 술과 과일을 올리기 전에 신하가 먼저 임금에게 차를 올리는 진다식(進茶式)을 거행한다"고 기록되어 있다.

또, 근대의 우리 차 문화를 정립한 초의선사는 "평범하고 일상적으로 차를 마시는 행위는 수행에서 말하는 정신세계와도 통한다"고 말했다. 이른바 '다선일체(茶禪一體)' 사상이다.

이렇게 우리 일상생활에 스며들었던 차 문화가 격동의 세월을 지나는 동안 잊히고, 없어진 것이 적지 않았으나 문경 찻사발 축제가 그 맥을 다시 찾아 잇고 있으니 문화사적으로도 그 의미가 크다는 생각이 들었다.

축제장 내 한 도자기 공방 안에서 젊은 공방 여주인 혼자 차를 마시고 있는 모습이 보였다. 날도 덥고 잠시 휴식을 취할 겸 그에게 다도 예절 체험을 청하자 흔쾌히 수락했다. 자리에 앉자마자 우선 궁금한 것부터 물었다.

1. 전통 발물레
2. 찻사발과 연차

"가루차 전국 투다(鬪茶) 대회를 한다고 하는데, 어떤 대회인가요?"

"투다를 명전(茗戰)이라고도 하는데, 차의 맛을 비교해서 평하는 일종의 겨루기라고 생각하면 돼요. 가루차를 물에 타서 다선을 빠르게 앞뒤로 저어 고르고, 많은 거품을 내는 사람이 우승하는 대회인데, 고려 시대 때부터 있었던 우리 민족 고유의 차 문화였지요."

한복을 곱게 차려입은 공방 여주인은 현대식 커피포트로 물을 끓였으나

찻사발 빚기 체험

차를 마시는 절차만은 문경 찻사발을 사용하여 전통 다도 방식대로 시범을 보였다.

"이 찻잔은 평범해 보여도 1,300도가 넘는 열을 이기고 탄생한 다기입니다."

"그래서인지 차의 그윽한 향이 특별한 것 같기도 하군요."

"요즘엔 덥기도 하고 힘들어서 대부분 전기 가마나 가스 가마에서 다기를 구워, 여기에 차를 따라 마시니 차의 그윽한 맛이 덜해요. 문경 찻사발은 '망댕이 장작가마'에 직접 불을 때서 구운 것이 대부분이고, 이 잔이 바로 그렇게 만들어진 찻잔입니다."

"찻잔 구울 때 가마는 장작을 넣어도 넣어도 항상 입을 벌리고 있어요. 눈길을 가마 불꽃에 두고, 인생 사는 얘기를 하다 보면 어느새 닭 우는 새벽이 오기 일쑤지요. 새벽 별들이 사라진 푸른 하늘로 진한 회색 연기가 치솟고 있는 모습을 보면 묘한 성취감이 있어요."

"늘 바쁘고 때로는 힘이 들지만 자식 낳듯이 만들어진 다기를 아껴주고 찾는 사람이 올 때 큰 행복을 느껴요."

공방 여주인은 내게 몇 차례나 더 차를 권하였다.

"차는 커피와 달리 하루에 몇 잔을 마셔도 부담이 없죠. 한 잔 더 드세요."

축제장에서는 발 물레를 이용하여 빚은 도자기를 장작가마에 구워 만들기도 하고, 흙메치기와 문경 야생차 덖기 등 이곳에서만 볼 수 있는 체험 프로그램들이 분주하게 진행되고 있었다.

초정 김상옥은 "시는 언어로 빚은 도자기요, 도자기는 흙으로 빚은 시"라고 말하지 않았던가? 새재 봄바람에 시는 하늘에 걸려 있고, 문경 도자기가 춤을 추고 있다.

죽녹원 전망대인 '봉황루'에 오르면 담양읍내를 한눈에 볼 수 있다.

© 담양군청

사시에 푸르니 그를 좋아하노라

담양 대나무 축제

나무도 아닌 것이 풀도 아닌 것이
곱기는 뉘 시키며 속은 어찌 비었는가
저렇게 사시에 푸르니 그를 좋아하노라

예로부터 기개 있는 선비정신을 상징하는 것으로 사군자를 꼽았다. 선비들은 매화와 난초, 국화, 대나무를 보며 군자의 덕을 마음에 새기곤 하였다. 조선 시대 시인이자 정치가였던 고산 윤선도도 시조「오우가(五友歌)」에서 물, 바위, 소나무, 대나무, 달 5가지를 변치 않는 상징물로 칭송하였다. 그중에서도 대나무는 한겨울에도 푸르며, 강한 바람에도 꺾이지 않는 점을 높이 샀다.

전라남도 담양은 대나무의 고장이요, 가사 문학의 산실이며 선비의 고장이다. 온통 짙은 초록으로 물든 담양은 그 푸르른 풍경만으로도 일상에 지친 사람들을 위로하는 곳이다. 댓잎 사이로 서걱거리는 바람 소리를 들으며 죽녹원을 거닐기라도 하게 되면 누구나 잠시나마 속세를 벗어나 모든 것을 내려놓게 된다.

5월, 푸르름의 한가운데서 펼쳐지는 담양 대나무 축제에 참가하는 사람들은 그 온전한 위로에 마음이 놓여 오랜 시간 이곳에 머물고 싶어 한다. 게다가 대나무 축제가 펼쳐지는 죽녹원과 관방제림, 메타세쿼이아 거리에서 시원한 눈맛뿐만 아니라 떡갈비나 대통밥, 국수 등 입맛까지 즐길 수 있기 때문이다.

담양에 대나무가 유별나게 많은 것은 따뜻하고 습기가 많은 이 지역의 기후조건 덕분이다. 대나무는 기후만 맞으면 하루에도 120센티미터까지 자랄 수 있다. 그래서 담양은 '우후죽순(雨後竹筍)'처럼 몸과 마음의 성장이 필요한 사람의 안식처가 되고 있다.

담양군에서는 이런 사람들을 위해 2003년 성인산 일대에 대나무 정원인 죽녹원을 조성하였다. 울창한 대숲에 나 있는 운수대통길, 죽마고우길, 철학자의 길 등 주제가 있는 산책길은 바쁜 일상을 되돌아볼 수 있는 공간으로 많은 사람의 사랑을 받고 있다. 분죽, 왕대, 맹종죽 등 대나무가 빽빽하게 들어서 있는 이곳에 들어서면 겨우 하늘만 보일 정도로 울창한 대숲에서 풍겨 나오는 맑은 공기를 온몸으로 느낄 수 있다. 깊고 그윽한 대숲 사이의 길에서는 발걸음 소리, 바람 소리, 바람에 댓잎이 나부끼는 소리, 댓잎이 바닥에 닿는 소리까지도 온전히 들을 수 있다.

대개 축제장은 떠들썩하고 들뜸과 흥분, 기대가 교차하는 공간이다. 그

1. 여러 가지 모양의 죽물 전시
2. 깊고 그윽한 대숲 사잇길에서는 바람소리를 들을 수 있다.

러나 대나무 축제장은 이런 분주함 속에서도 소박한 정적이 있다. 겉으로는 왁자지껄 떠들고 있지만 틈틈이 혼자 걸을 수 있는 마음의 산책길이 있기 때문이다.

축제장인 죽녹원에는 맹종죽 죽순이 예쁘게 올라오고 대나무 잎, 이슬만 먹고 자란다는 죽로차(竹露茶) 잎 색들이 싱그럽고도 곱다. 사람 물결에 떠밀려 전망대인 봉황루에 오르자 담양읍내 전경이 편안하게 펼쳐져 있다.

제방 앞에는 수염 난 고목들이 팔을 뻗어 철모르는 어린이들을 감싸 안듯, 안도감마저 느끼게 한다. 전망대 아래에서는 '기타 하나 동전 한 닢뿐임'을 주장하는 버스킹 공연이 한창이다. 옆 체험 부스에서 대나무 목걸이를 만들어 목에 건 청춘남녀 한 쌍이 초록 꿈을 꾸는 길을 걸어가는 모습이 행복해 보였다.

죽녹원 작은 언덕길 대나무 숲은 축제의 휴전상태였다. "시대의 새벽길 홀로 걷다가 노래도 없이 꽃잎처럼 흘러간 노무현 전 대통령이 2007년 이곳을 방문해 이 초록 길을 걸었다"는 설명을 듣는 동안 대나무 가지가 바람에 잠시 흔들렸다. 나는 '부치지 않은 편지'를 입안에서 읽었다. '그대 잘 가라, 그대 사랑 이제 곧 노래 되리니…'

대숲 한편에 안겨져 있는 미술관에서 어린이들은 첨단 디지털기술로 새롭게 태어난 동서양의 고전 명화감상에 여념이 없었다. 옅은 봄 햇살이 쏟아지는 대나무 숲이 싱그럽다고 느끼는 순간 작은 봉분 같은 성인봉에 다다랐다. 대한민국에서 가장 짧은 50미터 미니 둘레길로 세 바퀴를 돌면서 소원을 빌면 그 소원이 이루어진다고 했다.

"둘레길 걸으면서 꼭 이루어지기 바라는 소원 한 가지만 빌어 보세요."

"꼭 한 가지만 빌어야 되나?"

"하하, 욕심은 적당히 들어내시고, 한 가지만 빌어보세요. 그래야 이루어진다고 하니."

박 교수는 내 소원의 분량까지도 정해 주고는 언덕 아래 대나무 숲으로 발길을 옮기고 있었다.

경허선사는 "욕심 많은 사람은 이익을 구함이 많기 때문에 번뇌도 많지만 욕심이 적은 삶은 구함도 없고, 하고자 함도 없기 때문에 그런 근심이 없다"고 말하지 않았던가?

"비움은 비우기 전에 먼저 채우는 단계가 생략된 것이고, 비움과 채움은 서로를 마주 보는 거울 같은 것"이라는 선사의 말을 되새기며 나는 대나무 숲 모퉁이를 돌아 언덕 아래로 내려왔다.

성인봉 아래로 난 대나무 숲길 끝에 이르자 가사 문학의 본향답게 송강정, 면앙정, 식영정, 우송당 등 아담한 누정들이 정갈하게 앉아 있다. 이 누정(樓亭)들은 오로지 대나무에만 치우칠 수 있는 방문객들의 마음에 균형을 맞추어 주려는 죽녹원의 배려이자 기품인 듯했다.

시가문화촌 누정에서는 숙박은 물론 담양의 정자 문학의 진수를 맛볼 수 있다. 누정이 있는 이곳은 축제장이건만 누구랄 것도 없이 마치 박물관에 온 사람들처럼 조용하게 걸음을 옮기며 말소리를 낮춘다.

죽녹원 안에는 정자문학의 본향을 상징하는 누정들이 아담하게 자리하고 있다.

송강정에서는 훈장님이 근엄한 자세로 전통예절을 훈육하고 계시지만 어린 수강생들은 양반 자세조차 취하기 어려워하는 모습이 우스꽝스럽기까지 하다. 면앙정 툇마루에서는 대나무 껍질(죽피)에 가훈을 쓰는 여자 어린아이가 앙증맞은 손으로 붓을 쥐고 엄마 아빠를 좌우로 쳐다보며 붓과의 첫 만남에 어쩔 줄 모른다.

가야금 병창과 판소리 공연을 하고 있는 식영정과 우송정 툇마루 끄트머리에는 연인들이 지나가는 바람결을 붙잡고 사랑을 속삭인다. 바람이 전한 이들의 속삭임은 이내 그들의 마음에 한 편의 시가 되고 있었다.

휘휘 죽녹원 대숲 길을 벗어나자 관방천에서는 대나무 카누 타기가 한창이다. 다소 엉성한 대나무 뗏목도 물놀이에는 제격인 듯 뒤뚱대며 잘도 버틴다. 어린이들은 대소쿠리 물고기 잡기에 여념이 없고, 나이 지긋한 중년여성의 대통주 담그는 손길에는 정성이 배어 있다. 그 옆 죽순과 대나무를 이용한 요리경연대회에는 많은 사람들이 새로운 맛의 탄생을 지켜보고 있었다. 죽순은 모든 요리재료와 잘 어울려 다양한 음식과 환상적인 조합을 이루어 낸다는 행사진행자의 죽순 예찬에 모두들 고개를 끄덕이며 수긍하는 눈치다.

읍내 쪽 향교 다리 밑에 이르자 옛 정취를 느낄 수 있는 죽물 시장이 재현되고 있었다. 여러 모양의 죽물을 머리에 이기도 하고, 지게에 지기도 한 지역주민들이 마을 단위로 축제를 풍성하게 만들어 가는 모습이 정겨웠다.

담양은 어디든 소중한 자연의 소품들 천지다. 관방천 위의 돌 징검다리조차 이 대열에서 결코 이탈하는 법이 없다. 영산강 상류의 담양천 물길을 다스리기 위해 축조된 관방제림은 그중 으뜸이다. 제방 위의 고목들은 이리저리 휘어지고 기울었지만 뿌리는 언제나 자신을 드러내지 않고 밑에서 몸을 지탱할 뿐이다. 세월의 흔적을 함께 간직하고 있는 이 길은 자연과 함께함으로써 비로소 자연의 소품으로 완성되었다. 이들 고목들이 천변을 묵묵히 지키고 늘어선 풍경은 엄숙하고도 아름답다.

대나무 축제를 더욱 풍성하게 만드는 것은 담양의 '맛'이다. 떡갈비와 돼지갈비, 대통밥도 일품이거니와 국수 거리에는 죽순 비빔국수, 물 국수, 검정 콩물 국수, 열무 냉물국수 등 간단히 요기할 수 있는 국수가 관광객들의 시장기를 달래고 있다.

1. 관방제림의 고목에 야간조명이 꽃처럼 얹혀 있다.
2. 향교 다리 위의 '천년의 용 솟음' 야간조명

"대나무 축제에 오셨으니 대통밥으로 저녁 식사를 하는 것이 어떠냐?"는 박 교수의 제안에 나는 흔쾌히 동의했다. '좋은 식재료만큼 최고의 레시피는 없다'는 식당 입구의 홍보문구가 믿음직스러웠다.

여러 가지 수석이 잘 진열된 식당 내부도 자연을 닮았다는 느낌이 들었다. 대통밥 정식 메뉴를 주문하자 대통밥과 떡갈비, 죽순회, 생선구이가 한 상에 차려 나와 먹기도 전에 배가 불렀다. 대통밥에 곁들인 댓잎술은 입안에 착 감겨 우리를 잠시 앉은뱅이로 만들고 말았다. "한 번도 안 먹어 본 사람은 있어도 한 번만 먹어 본 사람은 없다"는 말은 빈말이 아니었다. 한 세트의 보약을 맛있게 먹은 기분으로 식당을 나오자 축제장은 이미 어둠이 깔리고 있었다.

대나무 숲에서 퍼져 나오는 죽녹원의 야간 경관조명은 인공폭포와 야외 공연장을 감싸고 밤길 대나무 산책객들에게 조용한 길 안내를 하고 있다. 죽녹원과 관방제림을 잇는 향교 다리에는 환한 불빛에 휩싸여 하늘로 날아오르는 듯한 역동적인 용을 형상화하고 있는 '천년의 용 솟음' 이 장관이다.

관방제림 숲 언덕 사잇길에는 거대한 고목에 조명이 마치 꽃처럼 얹혀 있어 신비한 느낌마저 들게 한다. 멀리서 보이는 도로 건너편 메타세쿼이아 길은 영화 시상식장의 레드 카펫을 연상케 할 정도로 황홀하다. 봄날 불빛 한 조각과 자연의 찬찬한 위안에 오늘 밤에는 왠지 초록 꿈을 꿀 것 같다.

옛말에 '담양 갈 놈'이라는 말은 담양으로 유배살이를 갈 사람을 뜻했다. 그러나 요즘은 힐링과 위안을 뜻하는 말로 '담양 갈 분'의 시대가 된 것이다. 대나무 축제는 '담양 갈 분'의 초대장인 셈이다.

초의선사는 골짜기와 바위틈에서 자란 하동 녹차 맛을 최고로 쳤다.

차 한 잔에 별빛과
차 한 잔에 달빛

하동 야생차 문화 축제

白雲爲故舊 (흰 구름은 오랜 벗이요)
明月是生涯 (밝은 달은 곧 내 삶이거니)
萬壑千峰裏 (일 만 골짜기 일 천 봉우리에서)
逢人卽勸茶 (사람이 오면 차를 권하네)

포구를 감돌아 섬진강을 굽어보는 하동공원에는 임진왜란 승병장 서산대사의 시비 하나가 서 있다. 이곳이 차의 고장임을 알리고 있는 「다시(茶詩)」. 흰 구름과 밝은 달 그리고 차가 어우러지는 고장 하동, 기후가 좋고 농수산물이 풍부하여 사람들 마음조차 여유롭다.

사연 많은 곡선을 가진 지리산. 다가서도 물러나지 않는다. 보기에도 아까운 초록에 물든 기슭은 봄의 눈부심과 그 황홀함으로 우리를 취하게 한다. 오가는 사람마다 앉은 자리 어디서나 차를 권하고 함께 마시니 나누는 이야기와 인정도 차 맛처럼 깊고 은근한 고장이다.

신라 흥덕왕 3년(828) 당나라에 사신으로 갔던 대렴(大廉)이 차 종자를 가지고 오자, 왕이 지리산(하동)에 심게 하였다"는 《삼국유사》의 기록이 전해지고 있다. 또, 초의선사도 《동다송(東茶頌)》에서 "지리산 화개동에는 차나무가 40~50리에 걸쳐 뻗어 자라고 있는데, 우리나라에서 이보다 넓은 차밭은 없다. 차나무는 바위틈에서 자란 것이 으뜸인데 화개동 차밭은 모두 골짜기와 바위틈이다"라고 하동 차를 최고로 쳤다.

예로부터 하동은 섬진강과 화개천에 연접해 있어 안개가 많고, 다습하며, 차 생산 시기에는 밤낮의 기온 차가 커 차나무 재배의 최적 환경을 갖추고 있었다.

가수 조영남의 노래 '화개장터'가 나오기 훨씬 전부터 사람들은 하동을 영남과 호남이 만나는 문화교류의 상징적인 곳으로 생각했다. 지리산에서 캔 약초와 산나물, 섬진강에서 잡아 올린 재첩, 남해의 해산물이 화개장터에 한데 모였고, 보성과 남원에서 넘어온 호남의 소리꾼과 영남의 춤꾼들이 함께 어울렸던 문화마당이었던 하동.

요즘도 봄만 되면 이곳은 밀려드는 상춘객들 때문에 몸살을 앓는다. 섬진강 10리 벚꽃길에 꽃비라도 내리는 봄날이면 '황홀한 축복!'이라고 감탄사를 연발하게 된다.

이곳에서는 천년 세월을 넘어 매년 5월이 되면 야생차 문화축제가 열린다. 야생차 시배지인 지리산 기슭에 자리 잡은 차 문화센터와 인근의 화개장터, 쌍계사, 평사리 최참판댁, 그리고 악양면 녹차 마을까지 온통 축제판이 펼쳐진다.

1. 선계에 온듯한 모습인 섬진강과 화개천의 안개
2. 화개장터

느림의 미학이 흐르는 하동의 축제는 여느 축제와는 모습이 다르다. 품바나 야시장처럼 번잡함과 떠들썩함이 없다. 축제 때 하동에서는 여유롭게 이곳저곳을 다니면서 집집마다 기른 녹차 맛을 즐길 수 있다. 다원과 마을 어귀, 장터와 보리밭, 섬진강 백사장이 곧 축제장이다.

내게 '멋있는 축제' 한두 곳만 추천해 달라는 요청이 온다면 나는 주저 없이 하동 야생차 문화 축제를 우선으로 추천할 것 같다. 예부터 지리산과 섬진강, 남해를 함께 안고 있는 하동을 시인, 묵객들은 '삼포지향(三抱之鄕)'이라고 했다. 보는 것만으로도 취할 수 있는 멋진 풍경을 가진 곳이기 때문이다.

몇 년 전, 아쉽게도 지금은 없어졌지만 80리 하동포구 뱃길과 노송이 빼곡하게 우거진 송림공원 근처, 넓은 섬진강 백사장 위의 차 향기 가득한 달빛 아래 펼쳐졌던 '섬진강 달빛차회'의 감동은 잊을 수가 없다. 차 한 잔에 별빛과 차 한 잔에 달빛과 차 한 잔에 마음을 담아 마셨던 그날, 나는 차 한 잔에 자연과 하나 됨을 느꼈다.

백사장이 곧 무대요, 달빛이 조명이며 흐르는 물소리가 음악이던 '섬진강 달빛차회'가 산들거리는 봄바람에 밀려올 때 나는 잠시 정신이 아득해졌다. 귀도 들리지 않는 가난한 음악가 베토벤이 홀로 피아노에 앉아 연주하던 느리고 고요한 분위기의 '월광 소나타'가 줄리에타를 사랑에 빠지게 한 것처럼 그날의 달빛차회 이후 '하동 야생차 문화 축제'는 내게 '가장 멋있는 축제'가 되었다.

《다경(茶經)》에서 "차에는 진정작용이 있으므로 정려(精勵)하고 근검

전통제다법으로 만드는 하동 녹차

(勤儉)한 사람에게 적합하다"고 했다. 야생차 문화 축제는 이들만의 축제로도 족하지 않을까?

차를 끓이는 법과 마시는 법도 미학적, 정신적으로 가치가 있는 것이라고 한다면 적어도 하동 야생차 문화 축제에서의 분주한 프로그램은 적을수록 좋을지 모른다. 축제가 늘 분주할 필요는 없다. 축제에 반드시 많은 사람이 오지 않아도 좋다. 때로는 몸이 즐거운 축제도 필요하지만 마음이 즐거운 축제도 필요하다.

멀리 비탈진 녹차밭에서는 찻잎 따기 대회가 한창이고, 행사장에서는 햇

차 시음회에 찻잔을 든 사람들이 늘어서 있다. 한복을 곱게 차려입은 여인들이 정성스럽게 다례 시범을 보이면 관광객들도 이때만큼은 엄숙하고 진지한 표정들이다. 행사장 이곳저곳에서는 성년다례의식, 차 제조과정 시연, 차 강연회가 열리고 있다.

녹차 마을에서의 다숙(茶宿)도 하동 야생차 문화 축제만의 특별한 체험이었다. 차를 재배하는 농가에서 운영하는 다숙에서의 녹차 물 족욕은 피곤한 몸을 한껏 편하게 했다. 지리산 계곡의 신비감을 안고 있는 안개 낀 아침 다원을 호젓하게 산책하는 것도 좋았다. 그 다숙은 녹색의 윤기가 흐르는 찻잎에서 생명과 사랑을 느끼게 하였고, 세상이 초록으로 젖어 듦을 보게 했다. 다숙 농가의 정갈한 녹차 음식도 천연의 자연 맛 그대로였다.

섬진강 백사장에서 펼쳐졌던 '달빛차회'

© 하동군청

물소리, 바람 소리, 별빛 청량한 5월의 밤 천년 고찰 쌍계사의 '산사음악회'는 고즈넉한 산사의 봄밤을 매혹하였고, 부처님의 공덕을 찬양하는 범패 공연도 템플스테이에 참가한 외국인들에게 신비로운 체험인 듯했다.

'왕의 녹차'를 마셔 볼 기회를 가진 것도 하동 축제 여행의 또 다른 추억이었다. 우리나라에서 가장 오래된 '정담리 차나무'에서 잎을 따서 만들었다는 '왕의 녹차'는 지리산 자락의 이슬만 먹고 자라서였는지 진하지는 않으나 은은하고 특별한 향을 뿜어내는 것 같았다.

연무에 싸인 지리산 봉우리들과 말없이 흐르는 섬진강물을 느끼면서 마셔보는 차 한 잔의 맛을 어떻게 설명해야 할지. 상쾌한 떫은맛과 은은한 쓴맛이 스쳐간 뒤, 단맛의 조화로움이 여운을 남기며 입에 맴돈다. 이런 녹차의 깊은 맛을 하루아침에 알 수 있다면 그것은 사치다. 싱겁고도 밋밋하며 떫고도 쓴맛의 녹차는 은근하며 사색적이다. '왕의 녹차'에는 자연의 냄새가 묻어 있고, 사람의 맛이 스며 있는 듯했다. 유난히 녹차를 좋아하는 나는 이 맛을 잊을 수 없어 지금도 오직 하동 야생차만을 즐겨 마신다.

이른 아침인데도 화개장터는 활기가 있었다. 축제방문객들이 많았으나 이곳 상인들과 주민들은 장터가 일상의 터전이었기 때문인 듯했다. 김동리의 소설《역마》에서도 화개장터는 늘 이런 풍경이었다.

"장이 서지 않는 날일지라도 인근 고을 사람들에게 그곳이 그렇게 언제나 그리운 것은, 장터 위에서 화갯골로 뻗쳐 앉은 주막마다 유달리 맑고 시원한 막걸리와 펄펄 살아 뛰는 물고기의 회를 먹을 수 있기 때문인지도 몰랐다. 주막 앞에 늘어선 능수버들 가지 사이사이로 사철 흘러나오는 그 한 많고 멋들어진 춘향가 판소리 육자배기들이 있기 때문인지도 몰랐다."

멀리 강 반대편에는 영화 〈역마〉에서 술맛이 유달리 좋고 값이 싸고 안주인의 인심이 후하다 하여 화개장터에서는 가장 이름이 난 주막이었다는 '옥화네 주막'이 아스라이 보인다.

"섬진강 재첩 먹을 땐 꼭 재첩회를 드셔 보세요."

"담백한 맛과 추억을 담은 재첩국이 얼마나 맛있는지 몰라요."

"예전에는 부산 골목길에서도 재첩국을 팔아서인지, 그 맛을 못 잊은 부산 토박이들이 축제 때가 되면 지금도 엄청 많이 와요."

다원 주인아주머니에게 추천받은 식당에 들어서자 단체관광객들이 식탁마다 둘러앉아 숟가락을 부딪치며 밥상을 마주하고 있다. 접시에 가득 담긴 재첩회는 색감만 봐도 입안에 군침이 가득 고였다. 채 썬 애호박과 오이에 갖은양념으로 버무린 재첩회 맛은 새콤하고도 고소하다. 섬진강의 봄바람을 닮은 맛이다. 조갯살의 향긋함과 부추의 깔끔함이 어우러진 재첩국은 비린내가 없어 좋았다.

"골짜기마다 고향 같아 좋아요. 어디를 둘러봐도 편안하고, 녹차처럼 때 묻지 않고 사는 사람들이 많죠."

"겨우내 움츠렸던 가슴이 답답할 때쯤이면 늘 야생차 문화 축제가 열리니 이곳이 얼마나 좋은지 모르겠어요."

차와 산하가 좋아 하동에 정착한 녹차를 판매하던 상인의 말이 달빛 찻잔 속에 스며 들었다. 자극적이지 않고 담담한 녹차의 맛처럼 깊이가 있는 그의 목소리가 하동 땅의 신뢰감을 높여 주었다. 여인의 속살같이 흰 모래밭에서 섬진강 달빛 젖은 물소리와 별이 담긴 찻잔을 들고 희미한 지리산 곡선을 바라보았던 그 시간은 참으로 소중한 추억이었다. 세상 어디에서 이런 축제의 맛을 또 볼 수 있을까?

하동 녹차밭

진주 남강의 화려한 유등과 불빛 뒤에는 '논개'의 충혼이 깃들어 있다.

양귀비꽃보다도
더 붉은 그 마음 흘러라

진주 남강 유등 축제

거룩한 분노는
종교보다도 깊고
불붙는 정열(情熱)은
사랑보다도 강하다
아, 강낭콩 꽃보다도 더 푸른
그 물결 위에
양귀비꽃보다도 더 붉은
그 마음 흘러라

시인 변영로(卞榮魯)는 왜장을 끌어안고 진주 남강으로 뛰어든 스무 살 논개의 죽음을 "강낭콩 꽃보다도 더 푸른 그 물결 위에 양귀비꽃보다도 더 붉은 그 마음"이라고 애도했다.

논개의 애인이길 자처한 한용운도 "나는 웃음이 겨워서 눈물이 되고, 눈물이 겨워서 웃음이 됩니다"라고 논개의 묘 앞에서 그의 의로운 죽음을 애달파 하지 않았던가.

진주성은 임진왜란 중 오로지 구국의 일념으로 왜군과 항전한 7만 명의 민·관·군이 순국한 곳이다. 그때 전북 장수의 몰락한 양반가에서 태어나 어린 나이에 아버지를 잃은 논개도 이곳에서 스스로 꽃다운 목숨을 버렸다. 진주성은 이처럼 가슴 아픈 역사의 현장이지만 지금은 화려한 불빛이 넘쳐나는 축제장이 되었다.

진주 남강에 유등(流燈)이 띄워지게 된 것은 계사년 전투(1593년 6월)에서 연유한다. 임진왜란이 발발하자 진주목사 김시민 장군을 비롯한 수성군(守成軍)과 왜군 사이에는 치열한 전투가 이어졌다. 수성군은 칠흑같이 어두운 밤에 남강에 유등을 띄워 강을 건너려는 왜군을 저지하는 군사 전술로 이용했다. 또 한편으로는 성 밖의 가족들에게 안부를 전하는 통신수단으로 사용했다.

왜란이 끝난 후, 진주 사람들은 당시 국난 극복에 몸을 바친 순국선열들의 넋을 위로하기 위해 남강에 유등을 띄우기 시작했다. 이 전통은 개천 예술제의 부대행사로 진행되어오다가 2000년부터 독립된 축제가 되었다. 이것이 오늘날의 진주 남강 유등 축제다.

'세상에서 가장 재미있는 구경은 불구경과 싸움 구경'이라는 말이 있다. 진주 남강 유등 축제는 가슴 아픈 역사를 불구경이라는 재미있는 놀이를 통해 애국심을 느끼게 만드는 품격 있는 문화 축제다.

10월의 가을밤, 축제가 열리면 진주는 '빛의 도시'로 거듭난다. 시내 전역에 청사초롱이 내걸리고 밤을 환히 밝힌다. 1년 중 내 눈이 이처럼 호강하는 때도 드물다. 고색창연한 영국의 에든버러성과 전주한옥마을, 그리고 이 진주성의 야간조명은 내가 보았던 가장 수준 높은 야경을 연출하고 있는 곳들이다. 특히 진주성의 야경은 유유히 흐르는 남강을 품고 있을 때, 가을바람이 벗 삼아 쉬어 가길 청한다.

조선 초 선승인 진묵대사는 "달은 촛불이요, 구름은 병풍이며, 바다가 술잔일세(月燭雲屛海作樽)"라며 자신의 깨달음을 마음의 풍경으로 읊었다. 오늘 밤 진주성 야경은 내게 바다 대신 남강이 들어간 것만 다를 뿐, 진묵대사와 같은 마음 풍경을 그려 내고 있다.

유등 축제는 물속에서 솟아올라 논개 등에 불이 들어오는 초혼 점등식으로부터 출발한다. 무대에서는 어둠이 깔리기 전부터 국악공연과 오프닝 퍼포먼스, 소망의 글 띄우기가 이어지고 드론 아트 쇼가 진행되었다. 임진왜란 때 왜군을 놀라게 한 남강의 유등을 드론으로 하늘에 띄워 관광객들을 놀라게 하였다. 전통 유등과 현대적인 빛이 조화를 이뤄 환상적인 느낌마저 들었다.

잠시 후 단상 위의 20여 명이 일제히 버튼을 누르자 '강낭콩 꽃보다 더 붉은' 정열을 안고 논개 등이 강 위에 드러나면서 폭죽과 함께 축제가 시작되었다. 오늘 이 드론은 축제 진화의 상징물이었다. 그것은 다른 축제에서 흉내 낼 수 없는 콘셉트의 연출인 동시에(Play the Concept) 개별 크리에이터들을 위한 특별한 볼거리였다.

진주성 안에는 100여 기가 넘는 횃불 등(燈)이 진주성벽을 따라 불을 밝히기 시작하고, 촉석문과 공북문 사이 진주성 외곽에는 임진왜란 당시 진주대첩을 재현한 유등을 배치하여 사실감을 높여 주고 있다. 조선군과 왜군 복

1. 남강 위에 폭죽이 터지면 유등 축제가 시작된다.
2. 진주 남강 하류로 떠가는 유등

장을 한 병사 등과 불화살, 물대포, 조총, 횃불 등도 진주대첩을 잘 재현하고 있다. 진주 박물관 상설공연장에는 무형문화재 12호로 지정된 '진주 검무' 공연준비가 한창이다.

진주성에 어둠이 깔리자 남강 위에는 12마리의 대형 군마 등이 가까이 다가오는 듯 빛을 내고 행복, 장수, 입신양명, 행운을 상징하는 복등(福燈)도 관광객의 환호를 받으며 등장했다. 또, 번영을 기원하는 대형 탑 모양의 등이 성을 밝히고, 좌청룡·우백호·남주작·북현무를 표현한 대형 수상 등도 멀리 보였다.

다보탑, 석가탑, 가야금 타는 여인, 소싸움 놀이 등 국내 소재 등부터 자유의 여신상, 트로이 목마, 스핑크스, 풍차 모양의 등과 같은 서양 소재 등들도 모습을 드러내 찾는 이들의 눈길을 사로잡고 있다. 중국, 타이완, 일본, 홍콩 등 각국의 대표적인 등들도 진주 남강 유등 축제의 글로벌축제 위상을 상징하는 듯 당당하기만 하다. 멀리 한복을 곱게 입은 논개 등이 눈에 들어오자 축제장의 어린 아들은 엄마에게 불쑥 질문을 했다.

"엄마, 논개는 왜 강물에 빠져서 목숨을 잃었어? 살아서 싸워 적을 무찌르면 되지."

"이미 적에게 성이 함락되었으니까 더 싸울 수가 없었을 거야. 그래서 왜군을 껴안고 강물에 빠져 죽은 거지!"

'그래도 난 그게 이해가 안돼' 목숨은 소중한 거고, 죽으면 미래가 없잖아."

축제장에 온 어머니와 아들은 교과서에도 답이 없는 내용으로 토론이 한창이다. 유등 축제의 논개 스토리가 이들 모자에게 축제의 몰입도를 자연스럽게 높이고, 유등은 '스토리텔링(Story-telling)'의 도구로 활용되고 있었던 셈이다. 이들에게 진주성과 논개는 유등 축제에 대한 잊을 수 없는 추억과 감성을 주게 될 것이 분명해 보였다.

갖은 형상의 등을 구경하면서 부교를 건너는 사람들은 유달리 몸의 균형을 잡지 못했다. 인파로 인한 다리의 출렁거림 때문이기도 하겠지만 부교 인근에 독특하고 화려한 등을 집중적으로 배치해 그 구경 때문에 한눈을 파는 경우가 많았기 때문이다. 부교를 건너 남강 둔치에 이르자 화려한 소망등 터널이 길게 펼쳐져 있다.

수만 개의 등이 질서정연하게 걸려 있는 이 모습을 처음 보는 사람들은 모두 환호성을 질렀다. 붉은 성벽처럼 진열된 엄청난 수량의 소망등과 그 화려함에 압도당한 듯 입을 다물지 못했다. 달려 있는 등의 행과 열이 어긋나기라도 하면 등을 단 사람의 소망을 이루지 못하게 할 수도 있다는 조바심과 불안감을 느끼는 듯 터널 안에서는 사람들의 목소리가 낮아졌다.

《조선왕조실록》에도 "나라 풍속에 석가 탄신일에는 집집마다 등불을 켜 놓고, 장대를 세워 새, 짐승, 물고기, 용의 형상으로 등을 만들어 연이어 다는데 그 모습이 호화로워 구경하는 사람이 많이 모여든다"고 했다. 불가에서는 "큰 원력을 세운 사람이 부처님전에 지극정성으로 등을 밝히면 무량한 공덕을 입을 수 있다"는 등 공양의 유래가 전해지고 있다.

반드시 종교적 의미가 아니어도 등은 고대부터 우리 사회에서 소망의 상징이었다. 남강 유등이 임진왜란의 적을 무찌르고 가족에게 소식을 전하는

부교 주변에 집중적으로 떠 있는 갖가지 모양의 유등

통신수단이었다면 오늘날 유등 축제장의 소망등은 현대인들의 치열한 삶의 흔적일지도 모른다.

나는 소망등 터널을 빠져나오며 진주 남강 유등 축제의 성공 요인은 주간에 비해 상대적으로 부족했던 볼만한 야경을 만들었다는 점과 우리 민족의 유별난 기복신앙 때문이 아닐까 생각했다. 기복신앙은 자신의 불안전함을 해소하기 위해 초자연적인 존재나 힘에 자신의 복을 비는 행동이나 마음인데, 이는 굴곡 많았던 백성들의 생활을 의미한다. 유등 축제에서 유독 소망등 달기와 유등 띄우기에 사람들의 관심과 참여가 많은 것이 이런 가정을 입증하였다.

1. 김시민 장군 유등
2. 진주대첩을 형상화한 유등
3. 소망등 터널

축제는 밤을 향해 가고 있는데 남강 물결의 흐름은 여유가 있다. 한편에서는 바람을 적어 넣은 소망등 달기에 여념이 없고, 유등은 어둠을 가르며 소리도 없이 떠가고 있다. 어떤 사람은 새로운 등을 만들어 보기도 하고, 어떤 사람은 소망을 실은 풍등(風燈)을 하늘로 날리고 있다. 수상 불꽃놀이와 농악 한마당도 축제의 한쪽을 담당하고 있다. 축제장을 오가며 전통 민속주점이나 카페에서 간단한 요기를 했지만 밤이 깊어지자 시장기가 밀려왔다.

진주 별미로 유명한 장어구이나 진주비빔밥을 먹기 위해 진주교 근처의 한식당으로 들어갔으나 식재료가 동이 났다는 말에 축제의 위력(?)을 실감하지 않을 수 없었다. 공북문 앞 도로 너머 카페를 겸한 빵집에 들러 진주에 떨어졌던 운석처럼 생긴 까만 운석빵을 한입 베어 물자 뽀얀 앙금이 달콤한 맛을 낸다.

강낭콩보다 더 푸른 축제의 밤이 양귀비꽃보다 더 붉은 강물이 되어 흘러갔다.

축제를 이해하기 위한 키워드 4 :
스토리텔링(Story-telling)과 스토리 두잉(Story-doing)

5장

스토리가 있는 축제

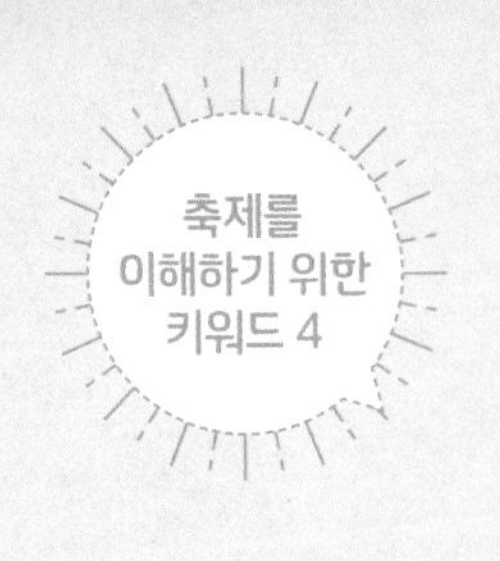

스토리텔링(Story-telling)과 스토리 두잉(Story-doing)

현대를 감성 경제의 시대라고 말한다. 오늘날 감성이 중요시되는 것은 논리 중심의 가치관이 변하고 있기 때문이다. 인터넷을 중심으로 발달한 정보기술의 혁명이 합리성을 강조했다면 요즘은 창조적이고 개성 중심의 가치관이 강조되고 있다. 인간 내부에서 발생하는 기쁨이나 즐거움, 혐오, 후회, 분노와 같은 감성이 행동을 유발하는 강력한 단서로서 작용하기 때문에 현대 마케팅에서 감성을 중요시하고 있다.

더구나 우리나라는 '정(情)이나 한(恨)'과 같은 감성을 기초로 한 문화가 발달했기 때문에 합리성을 강조하는 서구문화보다 경험적이고 심리적인 감성 문화가 마케팅 성공 가능성을 높이는 요인이 되고 있다. 뿐만 아니라 이성을 기초로 하는 시장에서의 상품 구매기준은 상품의 기능, 가격, 품질 등이었으나 이와 같은 요소들은 생산기술의 발달로 거의 평준화되었고, 소비자들은 그들의 욕구를 감성 차원에서 찾는 추세가 일반화되고 있다.

이러한 감성 경제 시대의 총아가 바로 스토리텔링(Story-telling)이다. 일반적으로 스토리텔링은 특정한 이야기를 전달하는 과정을 뜻하며, 사람과 사람 사이에 늘 있어 왔던 의사소통의 방식으로 오늘날 갑자기 탄생한 말은 아니다. 또한, 축제에서 스토리텔링은 상상력을 자극하고 새로운 아이디어를 창출하는 원천이 된다.

이 스토리텔링은 '하나의 자원을 다양한 장르와 연계한다'는 의미에서 OSMU(One Source Multi Use) 전략의 기본이 된다. 스토리를 바탕으로 만들어진 성공한 축제 콘텐츠는 축제 캐릭터 상품, 축제 브랜드화 등 2차, 3차 콘텐츠로 발전하게 된다. 그래서 축제연관 산업에 적용되어 축제 개최의 시너지 효과를 극대화할 수도 있다. 축제에서의 감성적 스토리는 똑같은 것을 더욱 매력적으로 보이게 만드는 마술을 지니고 있다.

스토리텔링 콘텐츠는 감각과 지각이 상호결합된 형태로 전달될 때 그 효과가 극대화된다. 축제 프로그램에서 스토리는 환희, 행복, 흥분, 감탄, 슬픔 등의 감동적 이야기 구성을 통해 관광객들의 기억에 오래 남아 축제 만족도를 향상시킬 수 있다.

스토리는 과거와 달리 요즘과 같은 대중문화시대에서는 단순한 정보개념이라기보다는 재미를 가미할 때 그 가치가 확산될 수 있다. 흔히 인물 중심의 축제에서 스토리텔링을 많이 도입하고 있지만 '재미없는 축제'가 되기 쉬운 것은 영웅과 관련된 스토리를 교육적, 교훈적으로만 응용하려고 하기 때문이다. 관광객들은 축제장까지 와서 영웅들의 이야기를 공부하길 원치 않는다. 오늘날 치열한 지역 마케팅 경쟁이 스토리를 지나치게 상업화시키고 있다는 비판도 적지 않게 나오고 있다.

스토리텔링을 실제로 활용하는 것을 '스토리 두잉(Story-doing)'이라고 한다. 즉, 스토리를 말이 아닌 행동으로 직접 보여주는 마케팅 방법을 '스토리 두잉'이라고 한다. 요즘은 주로 관광지 및 관광자원들과 연관된 역사적 사실이나 인물들의 이야기, 전설이나 설화의 가치를 전달하는 방식으로도 활용된다. 이때 놀이나 체험을 통해 효과적으로 전달할 수 있다. 축제에서도 이러한 방식은 넓게 확산되고 있는데, 그것은 스토리 두잉이 차별화된 스토리 가치(Story Value)를 체험자에게 전달하는 가장 좋은 방법이기 때문이다.

또한, 스토리 두잉은 스토리의 내용뿐만 아니라 스토리와 관련된 주변 배경이나 상황까지 생각하게 한다. 이를 통해 특정 장소(Placeness)와 밀접한 연관을 가지게 되어 장소와 스토리에 대한 정체성을 강화할 수 있다.

고전 소설의 주인공인 홍길동의 고향을 두고 여러 지자체가 경쟁을 벌인 이유가 바로 여기에 있다. 관광객들은 홍길동의 실존 자체에는 별 흥미가 없다. 또, 실존 인물이 아닌데 어떻게 홍길동 생가가 있느냐고 따지지도 않는다. 단지 관광객들은 소설 속의 홍길동 활동 장소에서 홍길동 이야기를 듣고 보는 것에 머물지 않고, 홍길동 복장으로 차려입고 탐관오리들을 응징하는 체험을 함으로써 환호할 뿐이다.

이러한 스토리 두잉은 오늘날 문화유산에 담긴 사건이나 스토리에 관람객들이 직접 참여하여 행동함으로써 특별한 추억과 감성을 준다. 스토리 두잉을 통해 관광자원을 차별화할 수 있기 때문에 문화유산 관광의 새로운 관람법으로도 각광 받고 있다. 최근의 스토리 두잉은 스토리의 가치를 개인과 지역, 또는 공공의 영역까지 전달하고 실행하는 방식으로 적용되고 있다. 장성 홍길동 축제, 남원 춘향제, 곡성 심청 축제, 영광 불갑산 상사화 축제, 영주 한국 선비문화 축제, 평창 효석 문화제 등 지역의 역사와 인물을 기반으로 하는 축제의 탄생은 이러한 흐름의 연장선이라고 보아도 무방하다.

스토리 두잉을 통해 각 지역의 관광자원을 차별화할 수 있다.

축제와 스토리

'천일야화(千一夜話)'로 널리 알려진 《아라비안나이트》는 '스토리'가 얼마나 강력한 힘을 가지는지 잘 보여 주고 있다. 또, 그 힘은 오늘날에도 여전히 유효하다. 15세기에 완성된 것으로 알려진 《아라비안나이트》의 '알라딘과 이상한 램프', '알리바바와 40인의 도둑', '신밧드의 모험'과 같은 스토리는 현대의 어린이들에게도 꿈과 환상, 희망의 신기루처럼 가슴속에 자리 잡고 있다.

《아라비안나이트》에서와 같이 한 지역이나 국가의 고유한 스토리는 문학, 애니메이션, 영화, 축제 등 여러 분야의 소재로 활용되어 관광산업을 활성화해 도시의 이미지를 제고하는 역할을 하고 있다.

따라서 무한 경쟁 시대에 특히 유형 자원이 부족한 지역에서는 문화적 특성에 기인한 스토리를 발굴하여 다양한 문화 콘텐츠로 개발할 수 있으며, 나아가 또 다른 글로컬(Global과 Local의 합성어) 한류 문화의 핵심 콘텐츠로 업그레이드시켜 나갈 수도 있다. 더구나 우리나라는 감성을 기초로 한 문화가 발달해 왔다. 그러므로 각 지역의 인물, 역사, 전설, 설화와 같은 스토리를 체험적이고 감성적으로 구성하여 축제를 개발한다면 지역 차별화는 물론 지역 활성화에도 도움이 될 것으로 기대된다.

스토리는 다양한 문화 콘텐츠로 개발할 수 있다.

ⓒ 유철상

한국 선비문화 축제가 열리는 영주 선비촌

선비의 멋·맛·흥에
취하다

영주 한국 선비문화 축제

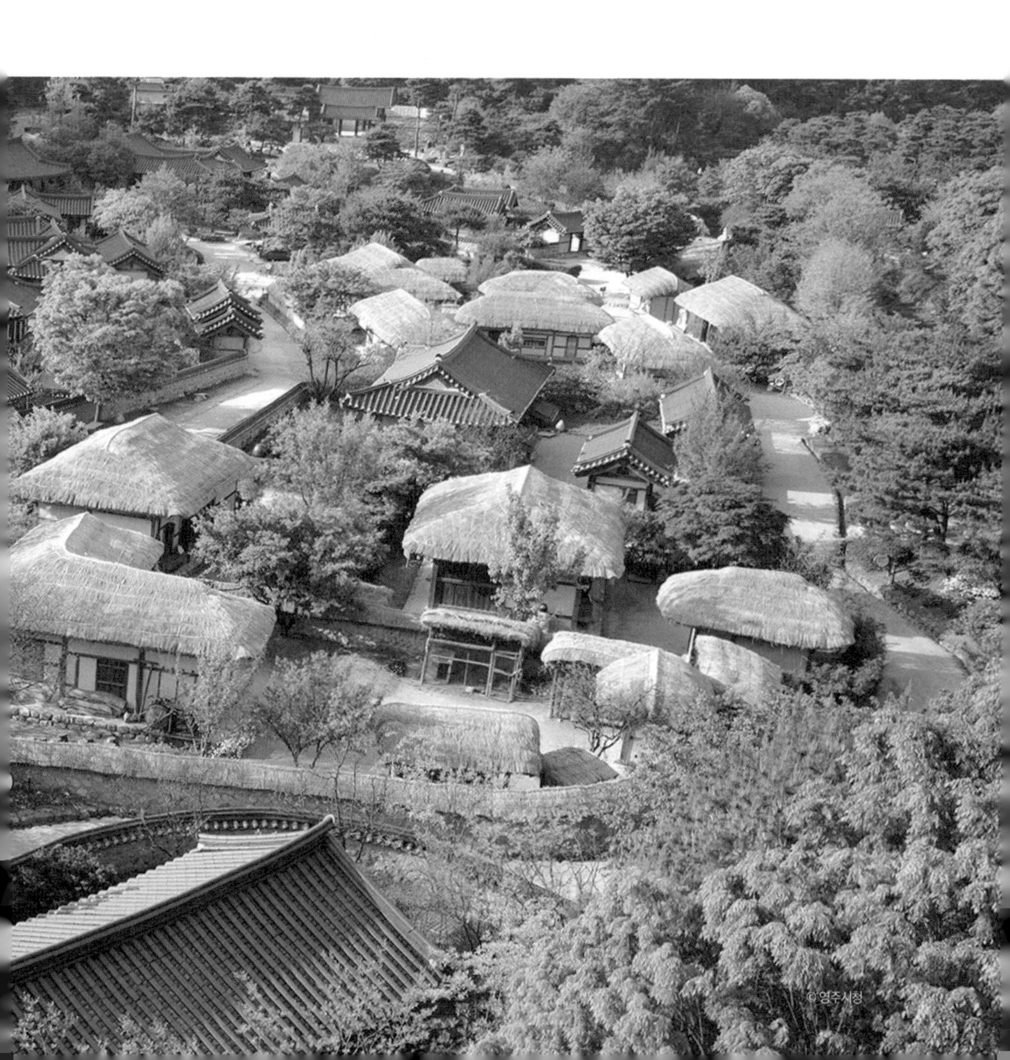

既廢之學 (이미 무너진 학문을)
紹而修地 (다시 이어 닦게 했다)

"신이 생각하기에 학문의 도(道)가 폐하여 강론되지 못한 지 오래입니다. 배우고서 의리를 강론하여 밝히지 않으면 수기(修己)가 어떤 것인지 알지 못하게 됩니다. 이미 수기를 알지 못하니, 경(敬)으로써 안을 곧게 하고 의(義)로써 밖을 바르게 할 수 있겠습니까? 이것이 소수(紹修)라고 서원의 이름을 지은 이유입니다."

조선 명종 때 대제학 신광한(申光漢)은 영주에 있는 우리나라 최초의 사액서원인 소수서원의 이름을 붙이게 된 경위를 이렇게 썼다. 그 이후 영주는 대대로 선비의 고장이 되었다.

꽃피는 봄이 오자 전국에 축제 물결이 출렁인다. 우리 사회에서 언제부턴가 축제가 서민들의 바깥나들이 주요 목적지가 되었다. 올해도 봄바람과 더불어 겨우내 움츠렸던 심신을 축제장에서 신명과 흥에 풀어헤치기 위해 서민들의 발길이 분주하다.

소백산 자락의 경북 영주는 예나 지금이나 풍치 좋고 인심이 후해서 사람 살기 좋은 고장으로 널리 알려져 있다. 그도 그럴 것이 조선 시대《정감록》에는 조선 10승지 중 제1승지로 이곳을 꼽고 있고, 이중환의《택리지》에서도 "소백산 자락은 살기(殺氣)가 없어서 사람 살기에 가장 좋다"고 소개되어 있다.

1. 선비촌 정문에 서 있는 선비상
2. 휘호 쓰기

1. 순흥 줄다리기
2. 초군청 마당놀이

이곳에서는 매년 5월 초가 되면 '영주 한국 선비문화 축제'가 개최된다. 축제 명칭에 굳이 '한국'이라는 말을 넣은 것은 영주 사람들의 이 지역이 선비문화의 중심지라는 자부심과 이 지역 출신 선비에 대한 자긍심이 한껏 배어 있다는 뜻이다.

선비 축제가 개최되는 영주는 가히 우리나라 제1의 선비 고장이라고 할

만한 곳이다. 1288년 원나라에 들어가 문묘와 국자감을 돌아보고 주자학을 우리나라에 최초로 들여온 안향(安珦) 선생이 이곳 출신이다. 즉, 600여 년간 한국인의 의식을 지배한 성리학이 이곳 영주에서 안향 선생에 의해 싹튼 것이다.

뿐만 아니라 조선 개국 공신으로, 개국 후 군사, 외교, 행정, 역사, 성리학 등 여러 방면에서 활약하였고, 척불숭유를 국시로 삼게 하여 유학의 발전에 크게 공헌한 정도전(鄭道傳)도 영주에서 태어났다. 이들 외에도 안축(安軸), 안보(安輔), 하륜(河崙), 장말손(張末孫) 등 수많은 유학자가 이곳 출신이다. 영주 사람들의 선비문화 사랑은 이들 선현들의 존재가 바탕이 되고 있는 셈이다.

선비문화 축제가 열리는 선비촌에는 임금이 현판을 하사한 사액서원이면서 우리나라 최초의 서원인 소수서원이 있다. 소수서원에 있는 우리나라에서 가장 오래된 초상화인 안향 선생을 그린 '회헌영정(국보 제111호)'은 선비문화 축제의 격조를 한껏 높여 주고 있다.

소수서원 앞에는 죽계수가 북에서 남으로 흐르고, 물길 주변에는 바위가 병풍처럼 둘러쳐져 있다. 또, 그 밑에는 작은 연못인 백운동 소(沼)가 있다. 소 옆 바위에는 공부하는 제자들을 위해 주세붕(周世鵬) 선생이 각자(刻字)하였다는 글자와 이야기가 아직까지 전해져 내려오고 있다.

통일 신라 시대 이곳에는 숙수사(宿水寺)라는 큰 절이 있어 인근뿐만 아니라 먼 곳에서 항상 수많은 참배자가 찾아왔다. 그러나 1542년 이 절터에

'백운동 서원'을 세우면서 절에 있던 불상들을 모두 연못에 던져 버렸다. 그 후 이 불상들의 한이 하늘에 사무쳐, 비가 내리는 캄캄한 밤만 되면 연못에서 물 튀어 오르는 소리 때문에 유생들은 공부를 제대로 하지 못했다. 혹은 그 소리에 놀라 늘 불안에 떨고 있는 선비도 있었고, 행인들도 이 소리를 듣고 혼비백산하는 경우가 많았다.

그럼에도 불구하고 누구 한 사람 대책을 마련하는 이가 없었다. 이 사연을 알게 된 주세붕 선생이 연못 위 평평한 바위 면에 경(敬) 자를 새겨 음각했더니 다시는 그 소리가 들리지 않았다. 공경한다는 뜻의 경 자에 불상들의 한이 위로를 받았기 때문이었다. 경은 주자학의 바탕이요, 회헌 안향 선생이나 퇴계 이황 선생 사상의 근본이기도 하였다.

영주 한국 선비문화 축제 개막 축하공연

영주 한국 선비문화 축제의 프로그램인 선비문화골든벨

주세붕 선생이 경 자를 음각한 것은 제자들이 '한시라도 경건한 마음을 잊지 말라'는 뜻도 포함되어 있었다. 글자를 새긴 연유가 아직도 소수서원에 보관되어 있으며 경 자를 새긴 바위는 지금도 그곳에 남아 있다. 비록 백운동 소가 이제는 잔잔한 여울물로 변하였지만 영주 선비정신만은 아직도 푸르름을 더하고 있다.

소수서원 바로 옆 선비촌은 기와집과 초가집, 정자, 원두막 등 조선 시대 선비들의 생활상을 고스란히 재현하고 있다. 마치 타임머신을 타고 시간여행을 하는 듯한 느낌이다. 선비문화 축제장 메인 공연장에서는 지역 대학의 연극영화학과 학생들의 초군청 재판 마당놀이가 한창이다.

"민초들에게 행패를 부린 진사댁 하인과 머슴은 태형에 처하고 이들을 관리하지 못한 진사는 벌금을 내시오!"

머슴과 하인을 제대로 관리하지 못한 조선 시대 진사들에게 벌금형과 태형을 내리던 '초군청' 재판 놀이에서는 옛 선조들의 웃음과 해학, 신명 나는 놀이문화를 체험할 수 있다.

초군청(樵軍廳)은 영주 순흥 선비 김교림이라는 선비가 주도하여 조직한 전국 유일의 농민자치기구이다. 반상(班常)의 개념이 무너지면서 사회가 무질서했던 개화기 때 농민 스스로의 권익 보호와 사회질서 회복을 위해 만들었기 때문에 공연 내용도 관광객들이 대리 만족을 느끼기에 안성맞춤이다. 당시의 악폐근절, 임도개설, 품값산정 등 농민들의 삶을 구수한 사투리와 해학으로 엮어내는 학생들의 연기에 관광객들은 시간 가는 줄도 모른 채 웃고 있다.

옆에서는 통일 신라 시대 때부터 시작되었다는 순흥 줄다리기가 한창이다. 암줄이 이겨야 풍년이 든다는 전통 때문에 항상 수줄이 양보하게 되는데, 오늘도 그 전통을 깨지 않으려는 듯 수줄 쪽 사람들의 줄 당기기는 눈에 띄게 힘이 들어가 있지 않아 보였다.

이 선비 축제에서는 상민이 양반을, 여자가 남자를 이겨도 상관하지 않는다. 영주 선비문화 축제 속의 풍자와 해학은 사회의 변화를 염원하는 민초들의 바람이 진하게 묻어 있다. 마당놀이와 줄다리기의 혼돈 속에서도 일상의 새로운 질서가 설계되고 있었다.

밤이 되자 시내의 영주 서천변도 문화공간으로 변신했다. 드라마틱했던

선비촌에 가면 선비 기념사진을 찍을 수 있다.

정도전의 삶만큼이나 큰 감동을 받을 수 있는 실경 뮤지컬이 관광객들을 이곳에 잡아 두고 있다.

조선 시대의 선비는 학문을 닦는 사람으로 유교적 이념을 사회에 적절히 구현함으로써 선행을 베푸는 인격체였다. 그러나 오늘날의 선비는 '의리와 원칙을 소중히 여기는 학식 있는 사람'일 수도 있지만 '품성이 얌전하기만 하고 현실에 어두운 사람'이 되기도 한다. 첨단문화와 전통문화가 공존하는 우리 사회의 모습이자, 세계인이 열광하고 환호하는 한류의 진원이 어쩌면 바로 이 선비문화에서 찾을 수 있을지도 모른다는 생각이 들었다.

선비들의 삶과 생활의 체험을 통해 현대 생활에 필요한 지혜를 찾아볼 수 있는 '영주 한국 선비문화 축제'에서 정신적 자유와 학문적 깊이를 완성했던 우리 옛 선비를 만나보는 것은 보람찬 일이다. 그리고 꽃바람 부는 날 '영주 한국 선비문화 축제'에서 옛 선비의 멋·맛·흥에 맘껏 취해 보자.

신비의 바닷길 걷기를 체험하는 관광객

한국판 모세의 기적

진도 신비의 바닷길 축제

진도는 정이 붙는 섬이더라
진도는 정이 붙은 사람들이 살고 있는 섬이더라
진도는 정이 흐르는 흙이요, 물이요, 산이요, 들이요,
개울이요, 집들이요, 마을들이요, 농토들이요,
정이 출렁거리는 바다에 싸인 섬이더라
들리는 것이 육자배기요, 흥타령이요, 남도민요요,
바람이 판소리, 구름이 판소리 (후략)

조병화의 시 「진도찬가(珍島讚歌)」는 진도 기행에 대한 내 욕구를 더욱 자극했다.

4월 끝자락의 남도 풍경은 그야말로 '시중화 화중시(詩中畵 畵中詩)'라는 말을 연상할 수 있을 만큼 은은하면서도 싱그럽다. 차창 밖으로 펼쳐지고 있는 남도의 동양화 같은 이 풍경은 기계문명에 찌든 도시인들에게는 신선한 청량제가 되고도 남았다.

황토에 피어오른 연초록 풀잎, 그 두텁고 무거운 동토의 갑옷을 뚫고 나

온 가녀린 생명 탄생의 생경한 계절을 시인 엘리엇(T.S. Eliot)은 왜 '잔인한 4월'이라고 말했는지를 이해할 수 있을 것 같았다.

목포 톨게이트를 빠져나와 멀리 월출산이 보이는 영암, 땅끝마을 해남을 지난 뒤에야 우리는 진도에 도착할 수 있었다.

축제를 올바르게 이해하기 위해서는 그 지역의 역사와 문화뿐만 아니라 지역주민들의 의식까지 정확하게 알 필요가 있다. 축제에는 그들의 생활과 예술, 심지어 자연현상까지도 용해되어 있기 때문이다. 그래서 이번 진도 축제기행에서는 시간이 허락되는 대로 이곳저곳, 보고 싶은 것이 많았다.

토종 미견공(美犬公) 진돗개, 남화의 성지라 할 수 있는 운림산방(雲林山房), 남도석성(南桃石城)의 운치, '진도 아리랑'과 강강술래의 멋을 본향에서 맛보고 싶었다. 또, 맛깔스러운 남도 음식과 곁들여 진도 홍주(紅酒) 한잔을 기울이는 여유도 가져 보고 싶었다.

매년 음력 2월 말에서 3월 초 진도군 고군면 회동리와 의신면 모도리 사이 2.8킬로미터의 바다에 조수간만의 차로 해저의 사구가 40여 미터 폭으로 물 위로 드러나 바닷길을 이룬다. 이 자연현상을 지역주민들은 '영등살'이라고 한다.

원래 신비의 바닷길 축제는 이러한 영등살과 뽕 할머니에 얽힌 전설을 바탕으로 지역주민들이 매년 지내는 소규모의 제의식(祭儀式)에 불과하였다. 이 행사가 전국적으로 알려진 것은 아이러니하게도 한 외국인 때문이었다.

1975년 당시 주한 프랑스 대사였던 '피에르 랑디' 씨가 진돗개 연구차 진도에 왔다가 우연히 바닷길이 갈라지는 현장을 목격하고 이를 '한국판 모세의 기적'이라고 프랑스 신문에 소개하면서 영등살은 국제적으로 알려지게 되었다.

1978년 일본 NHK TV에서는 이른바 '한국판 모세의 기적'을 세계 10대 기적의 하나로 소개하기도 하였다. 그 후 외국 관광객들의 진도 방문이 잦아지자 진도군에서도 이곳을 관광명소로 개발하기 시작했고, 그 일환으로 1978년부터 '진도 영등제'를 개최해 오다가 최근 '진도 신비의 바닷길 축제'로 그 명칭을 변경하여 오늘날까지 이르고 있다.

조선 초기 손동지라는 사람이 제주도로 유배를 가는 도중 풍랑으로 표류하여 지금의 회동 마을에 살게 되었다. 당시에는 호랑이의 침해가 심하여 마을 이름을 회동(虎洞)이라 불렀다. 그 후 호랑이의 침해가 날로 심해져 마을 사람들이 뗏목을 타고 의신면 '모도'라는 섬으로 피신해갔다. 그러나 황망 중에 뽕 할머니 한 분만을 회동에 남기고 말았다.

뽕 할머니는 헤어진 가족을 만나고 싶어서 매일 용왕님께 기원하였는데, 어느 날 꿈속에 용왕님이 나타나 "내일 무지개를 내릴 터이니 바다를 건너가라"고 하였다.

그 후 매일 모도에서 가까운 바닷가에 나가 기도하던 뽕 할머니 앞에 갑자기 회동뿔치와 모도뿔치 사이에 무지개처럼 치등(바닷길)이 나타났다. 그 길로 모도에 있던 사람들이 뽕 할머니를 찾기 위해 징과 꽹과리를 치면서 회동에 도착하니 뽕 할머니는 "나의 기도로 바닷길이 열려 너희들을 만났으니 이젠 죽어도 한이 없다"면서 기진하여 숨을 거두고 말았다.

1. 진도 회동 마을 바닷가에 서 있는 뽕 할머니 동상
2. 진도의 바닷길을 '모세의 기적'이라고 소개한 주한 프랑스 대사였던 '피에르 랑디' 흉상

이를 본 주민들은 뽕 할머니의 소망이 치등으로 변하였고, 영(靈)이 등천(登天)하였다고 하여 영등살이라고 칭하고, 이곳에서 매년 제사를 지내게 되었다. 그 후 자식이 없는 사람이나 사랑을 이루지 못한 사람이 이곳에서 소원을 빌면 그 소원이 이루어진다는 것이었다.

우리는 축제 프로그램 중 개막식, 강강술래, 남도들놀이, 진도 아리랑 등 진도의 중요 무형문화재, 바닷길 체험 및 진도의 주요 관광명소를 둘러보기로 하고 서둘러 축제장으로 향했다.

저녁이 되자 싸구려 화장품 냄새가 나는 여관에 여장을 푼 후, 여독으로 인해 움직이기 싫어하는 학생들을 남겨 두고 나는 혼자 야시장을 찾았다.

내가 축제기행을 하면서 시간이 허락하는 한 그 지역의 재래시장이나 야시장을 찾으려 하는 이유는 재래시장만큼 볼거리, 먹거리, 살거리라는 관광적 요소를 완벽하게 갖추고 있는 곳이 드물기 때문이다. 여기서는 여과되지 않은 지역 서민 문화를 진솔하게 느낄 수 있다.

마침 숙소 인근에는 오래된 재래시장이 있었지만 인적이 드물었다. 거품 빠진 맥주를 들이켜는 기분으로 시장통을 빠져나올 수밖에 없었다. 상인들의 애환과 삶이 송두리째 축제장의 열기속에 빠져 버렸기 때문이다.

다음 날 아침 일찍부터 서둘렀다. 주요 프로그램이 대부분 오후에 잡혀 있었기 때문에 오전에 진도의 명소를 돌아보기 위해서였다.

숙소에서 가까운 곳부터 탐방하기로 하였다. 첫 탐방지는 예향의 본산 운림산방이었다. 전통 남화의 성지, 운림산방은 조선 말 남화의 대가인 소치 허유(훗날 '허련'으로 개명)가 말년에 거처하던 화실의 당호로, 진도를 예향이라고 부르는 것은 여기서 연유된다고 해도 과언이 아니다. 운림산방은 인공미를 배제한 전형적인 한국형 정원이라 그런지 일행 모두에게 마치 고향집에 온 듯한 편안함을 느끼게 했다.

운림산방에서 우러나는 묵향의 여운을 뒤로한 채 우리는 남도석성을 향해 발길을 재촉했다. 차창 밖으로 희미하게 모습을 드러낸 남도석성은 첫눈에 보기에도 오랜 세월만큼 군데군데 허물어진 모습을 보여 쓸쓸함을 느끼게 했다.

남문 밖에는 '남박다리'라는 홍예(虹霓 : 무지개) 형태의 돌다리가 눈에 띄었다. 편마암 자연석으로 만들어진 쌍운교와 단운교라는 이 다리는 규모는 작았지만 단아한 멋이 있었다. 다듬지 않은 돌을 사용해 투박하긴 해도 서민적인 옛 정취를 느낄 수 있었다. 시골 어딘가에서 본 듯 왠지 낯설지가 않았다.

성안 민가에서 살고 있는 사람들의 모습은 여느 시골 사람들의 모습과 다를 바가 없었다. 그러나 주민들의 눈빛에는 말없이 보낸 세월만큼 이끼가 무성한 민족적 자존심이 남아 있는 것 같았다. 진도 명소들을 아쉽게도 차창 밖으로 떠나보내며 우리는 서둘러 축제가 열리는 회동으로 발길을 재촉했다.

매년 축제 때가 되면 회동리와 모도 사이 2.8킬로미터의 바다에 길이 열린다.

1.2. 횃불을 들고 바닷길을 걷는 관광객

신이 연출한 거대한 드라마인 신비의 바닷길이 열리는 광경을 보기 위해 전국 각지에서 관광객이 몰렸다. 발 디딜 틈조차 없는 회동리 일대에는 축제의 열기가 한창 달아올랐다. '모세의 기적'이 눈앞에서 펼쳐진다는 기대가 관광객들을 흥분시키고 있었다.

그러나 관광객들의 이런 흥분과는 달리 바닷길은 좀처럼 열리지 않았다. 그도 그럴 것이 진도의 바닷길은 '모세의 기적'처럼 갑자기 열리는 것이 아니라 조수간만의 차에 의해 일정한 시간이 되어야 서서히 물이 빠져나가기 때문이다.

오후 5시가 되어서야 바닷길이 희미하게 드러나고, 사람들은 그 길을 따라 모도 방향으로 움직이기 시작했다. 모도에서 출발한 사람들도 회동 쪽

1. 2. 외국 언론에 소개된 후 외국인 관광객들의 참여가 해마다 늘어나고 있다.
3. 매년 음력 2월 그믐 때쯤이면 회동 마을에는 '한국판 모세의 기적'이 일어난다.

© 진도군청

으로 움직이자 먼발치에서 보면 마치 반달처럼 띠가 형성되었다. 관광객들은 긴장과 흥분으로 들떠 있었다. 바닷물이 갑자기 밀려들지나 않을지 초조해하는 표정들도 읽혔다. 풍물단의 꽹과리 소리가 이러한 긴장감을 묻어주고 있었다.

잠시 후 회동, 모도 양쪽에서 출발한 사람들이 손을 맞잡고 인간 띠를 형성하자 뭍에서 관람하던 사람들이 환호성을 울렸다. 이러한 해중 탐사도 잠깐, 바닷물이 다리까지 차오르자 풍물패가 유도하는 대로 사람들은 서서히 바닷길을 빠져나왔다. 물이 허리까지 찰 때쯤 모두가 뭍에 도착하였고, 신비의 바닷길도 연기처럼 사라지고 있었다.

회동 축제장, 바닷길 체험에 대한 아쉬움 속에서도 뽕 할머니 동상 옆에는 많은 사람이 모여 있었다. 전국에서 온 무속인들의 기도행렬이었다. 이곳, 바닷길 열릴 때 기도해야 점술이 잘 맞는다는 것이다. 관광객 누구도 사실 여부에 큰 관심을 갖지 않았지만 바닷길은 내년에도 변함없이 또 열릴 것이다. 이들에게 신비의 바닷길 축제는 과학이 아니라 일상 탈출의 신기루일 뿐이다.

03

품바 캐릭터 복장의 축제 참가자들

감동의
울림

음성 품바 축제

어헐씨구씨구 들어간다/ 저헐씨구씨구 들어간다
작년에 왔던 각설이/ 죽지도 않고 또 왔네
각설이라 하지만/ 이래 봬도 정승 판서 자제로
팔도 감사를 마다하고/ 돈 한 푼에 팔려서/각설이로 나섰네
지리구 지리구 잘한다/ 품파 하고 잘한다
네 선생이 누구신지/ 날보다도 더 잘하네
시전 서전을 읽었는지/ 유식하게도 잘도 한다
냉수동이나 마셨는지/ 시원시원 잘한다
기름동이나 마셨는지/ 미끈미끈 잘한다
뜨물통이나 먹었는지/ 걸직걸직 잘한다
지리구 지리구 잘한다/ 품파 하고 잘한다
앉은 고리 동고리/ 선 고리는 문고리/ 뛰는 고리 개고리/ 다는 고리 귀고리
지리구 지리구 잘한다/ 품파 하고 잘한다

품바의 내용은 대개 힘없는 백성들의 마음 깊숙한 곳에 쌓였던 울분과

억울함, 그리고 힘 있는 자들의 멸시나 학대에 대한 한이 깃든 서민들의 소리다.

예로부터 가난하고, 누명 쓰고, 소외된 자들은 세상을 등지고 살면서 걸인 행세를 많이 해왔다. 그들은 부정으로 부자가 된 사람이나 아첨하여 관직에 오른 사람, 매국노 등의 면전에다 대고 "방귀나 처먹어라! 이 더러운 놈들아!"라는 의미로 '입방귀'를 뀌어 현실에 대한 한과 울분을 표출하곤 했다.

그러나 품바는 산업화 이후, 장터나 길거리로 돌아다니면서 동냥하는 각설이나 걸인들의 대명사가 되었다. 그래서 오늘날 음성 품바 축제는 거지 성자의 축제가 된 셈이다.

음성 품바 축제장 초가집 배경의 무대 위에서는 우스꽝스러운 힙합 복장의 젊은 청년들이 알아들을 수 없는 랩을 빠른 속도로 불러대고, 관객들은 연신 추임새를 넣으며 장단을 맞추고 있었다.

품바 축제라면 당연히 거지 복장의 각설이 타령이나 볼 수 있을 것이라는 기대(?)를 한순간에 무너뜨리는 순간이었다. 통 알아들을 수 없을 것 같은 랩 가사를 옆에 앉은 고등학생은 잘도 알아들었다. 대체로 사랑과 풍자가 주된 내용이라는 귀띔이다.

순간적으로 손에 들고 있던 축제 팸플릿을 훑어보았다. '궁핍했던 시절, 풍자와 해학으로 어려움을 슬기롭게 극복한 우리 선조들의 얼을 되새기고, 꽃동네 설립의 계기를 마련한 거지 성자 최귀동 할아버지의 숭고한 인류애와 박애 정신을 기리는 음성 품바 축제'라고 쓰여 있었다.

거지 성자와 랩을 오버랩하기가 쉽지 않았지만 문득 몇 년 전 스페인의

1. 2. 품바 레퍼경연대회에서 열창하는 참가자
3. 품바는 현실에 대한 울분을 표출하는 서민들의 소리다.

산 페르민(San Fermín) 축제 때 받았던 충격이 생각났다.

소위 '소몰이 축제'로 알려진 이 축제에서는 거리에 풀려 나온 소 떼와 흥분한 군중들의 함성, 그리고 수많은 참여자의 질주로 그야말로 스릴과 긴박감 그 자체였다. 이러한 광분의 축제는 놀랍게도 3세기 말 이 지역을 수호했던 성자 산 페르민을 기리기 위한 성축일 행사였던 것이다.

축제를 '머리'로 하는 것이 아니라 놀이를 통해 '가슴'으로 느끼게 만든 이것은 분명 축제를 이해하고 소화하는 품격 높은 문화 인식의 결과물이라는 생각이 들었다. 나는 음성 품바 축제에서 이 모습을 다시 본 셈이다. 이것을 본 것만으로도 기분 좋은 축제 여행이라는 생각을 하며 옆 품바 공연장을 찾았다. 그곳에서는 익히 들어본 품바 공연이 한창이었고, 장년층의 관객들은 내용에 공감하는 듯 박장대소를 하고 앉아 있었다.

탈놀이나 꼭두각시놀이에서처럼 품바에서도 형식은 다르지만 대개 약하고 힘없는 자들이 힘센 상대에게 하는 풍자가 주된 내용이다.

그리고 풍자는 인간의 허위나 위선 등에 가해지는 비판적 웃음이다. 그렇지만 단순한 웃음과 달리 정치적 비판의 의도가 강하고, '비꼼(Sarcasm)'과는 달리 웃음을 유발하게 된다. 그래서 풍자는 잘못을 지적해서 개선하려는 목적을 가지고 있으나 당사자가 모독으로 여기지 않을 정도의 기지와 웃음이 뒤따르게 마련이다.

축제장 여기저기서 펼쳐지고 있는 품바 공연의 내용을 자세히 들어 보니 충청도 사람들 특유의 직설적인 화법은 피하고 있었다. 하지만 사회 여러 현상에 대해 마음속에 품은 뜻을 명확하게 전달하고 있다는 생각이 들었다.

이럴진대 음성 품바 축제장에는 힘 있고 능력 좋은 중앙관료 나리들이 한 번쯤은 와 봐야 할 것이 아닌가?

초여름의 따사로운 햇볕을 피하기 위해 일행과 함께 다리 밑, 가난했던 그 시절을 재현한 옛날 집에 들어가자 대낮인데도 불구하고 촌로들은 이미 막걸리가 한 순배 돈 후였다.

"작은 예수, 거지 성자 최귀동 할아버지를 잘 아세요?"

나는 연배로 보아 작은 예수님과 교분이 있었을 법한 이들에게 여쭤보았다.

"아다마다. 거지도 신사 거지였지."

"귀동이 친동생이 옷도 가끔 해준 걸로 아는데, 그거 입을 때뿐이고 다음 날 보면 다른 거지에게 벗어 주고는 자기는 옛날 그 옷 그대로더라구. 남에게 줄 줄만 알았지 자기께 없었어."

"징용 갔다 와서 정신을 놨다고 하던데, 내가 보기에는 어렸을 때부터 약간 그런 게 있었어. 그래서 형한테도 많이 맞았을 게야…."

기억을 더듬어 이들이 생생하게 묘사하고 있는 거지 성자 최귀동 할아버지는 음성군 무극에서 부잣집 귀한 아들로 태어났다. 이름조차 귀한 아들이라는 뜻의 '귀동'이었으나 일본 징용으로 끌려가 심한 고문 끝에 정신병을 얻어 고국에 돌아왔다. 그러나 부모님은 아들 걱정으로 세월을 보내다 아편 중독으로 돌아가신 후라 오갈 데가 없었다. 그래서 무극 다리 밑에 거처를 정했다. 살면서 얻어먹을 힘조차 없어 죽어가는 걸인들을 위해 남의 남는 밥만 얻어 그들에게 나눠 주고, 죽으면 양지바른 곳에 묻어 주는 게 그가 하는 일의 전부였다.

그러던 중 "전국 거지를 다 불러 모은다"고 불평하던 동네 사람들에 의해 다리 밑에서 쫓겨나 용담산 밑에 움막을 치고 생활하였다. 그렇지만 그의 삶은 누구도 흉내 낼 수 없는 사랑의 성자였다.

'사랑을 베푼 자만이 희망을 가질 수 있다'는 품바 정신은 최귀동 할아버지의 박애 정신과 거리가 먼 세속인들을 향해 젊은 래퍼의 입을 통해, 품바 공연자의 '콧방귀'가 되어 울려 퍼지고 있었다. 음성 품바 축제는 분명 거지 성자 최귀동 할아버지의 '사랑과 나눔'을 '머리'가 아닌 '가슴'으로 느끼게 하는 축제였다.

1986년 가톨릭 대상을 수상한 최귀동 할아버지에게 한 질문에 그의 대답은 간단하고도 명료했다.

"받은 상금으로 무얼 하시겠습니까?"
"집 없는 사람 집 지어 줘야지. 다른 것 할 것 있나?"

'얻어먹을 수 있는 힘만 있어도 그것은 주님의 은총이다'라고 새겨진 그의 묘비명은 그 어느 성인의 명문장 묘비명보다 투박하지만 때 묻지 않은 순결함이 있다는 생각을 하며 품바 축제장을 나섰다.

거지 성자 최귀동 할아버지

부여 궁남지 중앙의 포룡정은 서동 왕자의 잉태설화가 전해지는 곳이다.

국경을 넘은
세기의 로맨스

부여 서동 연꽃 축제

善化公主主隱 (선화 공주님은)
他密只嫁良置古 (남몰래 시집가 놓고)
薯童房乙 (서동을)
夜矣卯乙抱遣去如 (밤에 몰래 안고 간다)

《삼국유사》 무왕 조의 서동설화에는 백제 무왕이 소년 시절에 신라의 수도 서라벌에 들어가 선화공주를 얻으려고 지어 불렀다는 '서동요'가 전해지고 있다.

백제 위덕왕의 증손자로 6세기 후반에 태어난 서동은 당대 최고의 금수저 도련님이었다. 이에 못지않게 신라 진평왕의 둘째 따님인 선화공주도 빼어난 미모가 널리 알려진 아가씨였다. 아들이 없고 딸 부자인 진평왕은 그중에서도 선화공주를 가장 예뻐하며, "신라의 왕이 된 것이 나의 자랑이 아니라 선화의 아비가 된 것이 나의 자랑이노라"라고 말할 정도였다.

당연히 좋은 사윗감을 고르고 골랐지만 마땅한 상대가 없었다. 그러나 진평왕은 적국이긴 하지만 서동 왕자 정도면 선화공주의 남편감으로 부족하지 않다고 내심 생각하고 있었다. 백제 위덕왕도 증손자인 서동 왕자의 배필로는 선화공주쯤은 되어야 한다고 생각했다. 그 정도로 둘은 백제, 신라, 고구려 3국을 대표하는 선남선녀였고, 그들의 혼사는 국제적 관심사였다.

그러나 왕들의 속마음과는 달리 양국의 사정은 복잡했다. 신라에서는 골품제의 전통으로 대대로 왕성인 박·석·김 3성이 상호 결혼을 하고, 아들과 사위 중에서 연장자에게 왕위를 넘기는 전통이 있었다. 때문에 신라 사람도 아닌 백제의 왕손인 서동 왕자에게 공주를 시집보낼 수는 없었다. 백제에서도 위덕왕의 아버지인 성왕을 죽인 자가 신라 진평왕의 아버지인 진흥왕이었기 때문에 원수의 가문에 서동 왕자를 장가보낼 수는 없는 처지였다. 이런 복잡한 사정에도 불구하고 서동 왕자는 "백제 왕가에서 태어나지 않고, 차라리 신라의 백성으로 태어났더라면 선화공주의 얼굴만은 볼 수 있지 않았을까?" 입버릇처럼 말하곤 했다.

선화공주 생각에 전전반측, 오매불망 뜬눈으로 밤을 지새던 서동 왕자는 선화공주를 만나기 위해 신라의 서라벌에 잠입하여 머리를 깎고 그곳 고승의 제자가 되기로 결심했다. 그 후 서라벌의 어느 법회에서 그토록 그리워하던 선화공주를 먼발치에서 보게 된 서동 왕자는 그녀의 아리따운 자태에 새삼스럽게도 넋을 잃고 말았다. 그리고 속으로 다짐했다.

'내가 네 남편이 되지 못하면 죽어 버리리라. 너 또한 내 아내가 되지 않을 바에야 죽여 버리리라.'

© 부여군청

1. 궁남지 연지를 산책하는 동남아 관광객
2. 카누를 탄 연지 탐험 가족

그 후 시녀의 주선으로 서동 왕자를 만나 본 선화공주도 첫눈에 그에게 마음을 빼앗기고 말았다. 선화공주 역시 '서동이 아닌 다른 사내의 아내가 되지 않겠노라'고 굳은 맹세를 했다.

이들의 만남은 운명적이었다. 둘은 결혼을 양 왕실에서 허락하지 않으면 함께 죽기로 합의하고 전격적으로 결혼작전에 돌입했다. 서동 왕자는 서라벌의 밤거리에서 엿과 밤, 과일로 아이들을 모집해 '서동요'를 부르게 했다. 이 노래는 삽시간에 서라벌에 퍼져나가 진평왕의 귀에까지 들어갔다. 분위기가 무르익었다고 생각한 서동 왕자와 선화공주는 각각 백제의 위덕왕과 신라 진평왕에게 자신들의 사랑을 고백했다.

죽음을 불사하겠다는 이들의 국경을 초월한 사랑에 양 왕실도 반대할 수가 없었다. 백성들도 그들의 불같은 사랑을 받아들였다. 이 세기의 로맨스로 백제와 신라는 원수 관계를 청산하였고, 서동 왕자는 고국으로 돌아가 백제 제30대 무왕으로 즉위하였다.

무왕이 된 서동 왕자는 선화공주가 떠나온 고향을 그리워하자 '궁남지'를 만들고 배를 띄워 놀이를 하며 위로하였다.

이 궁남지에 관해 《삼국사기》에는 "634년(무왕 35) 궁궐 남쪽에 못을 파고 20여 리에서 물을 끌어들여 사방 언덕에 버드나무를 심고, 연못 가운데 신선이 산다는 방장선산(方丈仙山)을 모방하여 섬을 만들었다"는 기록이 전해지고 있다.

매년 7월이 되면 이 궁남지에서 1400여 년의 세월을 거슬러 세기의 로맨티스트 서동 왕자와 선화공주를 만날 수 있다.

서동 선화 퍼레이드

새벽녘, 찌는 듯한 더위와 어젯밤 분주했던 축제장을 떨쳐 내고 안개에 둘러싸인 궁남지의 연꽃을 바라보니, 북송의 유학자 주돈이가 왜 연꽃을 '향원익청(香遠益淸 : 향기는 멀어질수록 더욱 맑다)의 꽃'이라 칭송했는지 짐작이 간다.

굳이 애련설(愛蓮說)을 말하지 않더라도 우뚝한 모습으로 깨끗하게 서 있어, 멀리서 바라볼 수는 있지만 함부로 대하거나 가지고 놀 수 없는 사랑 같은 꽃. 더구나 서동 왕자와 선화공주의 낭만이 서린 궁남지에 핀 꽃, 더 말할 필요조차 없다는 느낌이 든다. 얼핏 처녀 총각 시절의 서동 왕자와 선화공주의 사랑은 불같은 정열이었으나 왕과 왕비가 된 후의 사랑은 연꽃을 닮았을 것 같다는 생각도 들었다.

새벽부터 궁남지에는 가시연꽃, 빅토리아연꽃, 백련, 홍련, 수련 등 약 50여 종의 연꽃이 그 옛날 선화공주처럼 아름다운 자태를 뽐내고 있고, 전국 각지에서 온 사진사들은 이를 놓칠세라 카메라에 담기가 바쁘다. 방사형으

분홍빛 연꽃에 싸인 포룡정의 야경

로 잘 조성된 궁남지 연꽃 길 사이사이에는 연꽃나라 방송국에서 흘러나오는 감미로운 음악 소리가 연잎 위의 물방울처럼 맺혀 있다.

홀로 사는 여인이 용과의 사이에서 서동 왕자를 잉태했다는 포룡정(抱龍亭)으로 난 구름다리 위에 서 있으니 후끈한 여름 바람이 휙 지나간다. 갈증에 물을 마시고 잠시 휴식을 취하기 위해 버드나무 밑의 아담한 벤치에 앉자 베트남, 이집트, 카메룬, 몽골, 스리랑카, 캄보디아, 인도 등 연꽃이 국화인 7개국 축하 사절단이 마치 서동 왕자와 선화공주의 결혼을 축하한다는 듯이 손을 흔들고 지나간다. 시공을 초월하여 국제적 세기의 로맨스가 다시 살아나는 순간이다.

서동 왕자와 선화공주의 '꿈같은 연꽃 사랑 이야기'는 밤에 봐야 제맛이 난다. 일단 한낮의 무더위와 햇빛을 피할 수 있어 좋고, 부끄러움을 타는 듯한 은은한 연꽃의 자태와 그들의 사랑 이야기가 밤에 더 잘 어울리기 때문이다. 번쩍번쩍 불이 들어오는 화려한 의상을 차려입은 서동 왕자와 선화공주는 나이트 퍼레이드를 하고, 한편에서는 사랑과 소망을 담은 연꽃 띄우기 행사가 한창이다.

소금을 뿌린 듯이 하얀 평창의 메밀밭

소금을 뿌린 듯이
흐붓한 달빛에

평창 효석 문화제

길은 지금 긴 산허리에 걸려 있다. 밤중을 지난 무렵인지 죽은 듯이 고요한 속에서 짐승 같은 달의 숨소리가 손에 잡힐 듯이 들리며, 콩 포기와 옥수수 잎새가 한층 달에 푸르게 젖었다. 산허리는 온통 메밀밭이어서 피기 시작한 꽃이 소금을 뿌린 듯이 흐붓한 달빛에 숨이 막힐 지경이다.

가을 문턱에 접어들 무렵이 되면 예나 지금이나 봉평은 보이는 곳마다 메밀밭이다. 이효석의 단편소설 《메밀꽃 필 무렵》에서 장돌뱅이 '허 생원'은 하룻밤 정을 나누고 헤어진 처녀를 잊지 못해 봉평장이 끝나면 충주집에 들르곤 했다지만, 나는 오늘 그 허 생원을 만나러 효석 문화제의 봉평장을 찾았다.

가을 햇살이 따사로운 오후, 소설 속 등장인물 '허 생원'을 필두로 풍물놀이패, 소달구지, 당나귀, 장돌뱅이 등 옛 장꾼들 모습을 재현한 '가장행렬'이 지나간다. 전국 효석 백일장과 거리민속공연, 사진 촬영 대회, 연극과 영화, 공연 등 다채로운 행사가 한창이다.

"허 생원도 이 봉평장터 술집에서 메밀전병 놓고 막걸리 잔을 기울였을까요?"

"그럴지도 모르지요. 예전부터 워낙 메밀이 흔한 동네니까."

"메밀 묵사발, 메밀전병, 메밀 막국수, 감자 메밀 옹심이, 메밀 차. 모두 메밀로 만든 음식이잖아요. 여기 있는 메뉴들도…."

이곳이 제2의 고향이 된 전 교수가 축제장 먹거리 장터에 앉자마자 메밀 음식 자랑부터 한다.

"왜 그 많은 이름 두고 '묵사발'이라고 했는지 모르겠네요?"

"묵이 부드러워서 조금만 건드려도 뭉그러지니까 그 모양을 보고 지은 이름 아닐까요?"

'상대에게 두들겨 맞아 온몸에 피멍이 든 상태'라는 사전적인 해석을 머릿속으로 생각하는 사이에 묵사발이 나왔다. 먹으려고 젓가락으로 섞어 놓으니까 음식 모양이 영락없이 얻어맞고 비탈길에서 굴러떨어져 만신창이가 된 형상이었다. 모양이야 어떻든 입안에 들어가자마자 목 안으로 부드럽게 들어가는 식감이 좋았다.

평창 효석 문화제는 단편소설을 한 편 읽고 있는 것 같은 기분이 들게 한다. 축제장 입구부터 반도시적이다. 얕은 홍정천은 맑아 강바닥이 훤히 보이고 민물고기와 숭어가 느리게 산보를 한다. 세련된 언어, 시적인 분위기 같

1. 메밀밭에서 추억 담기에 열중인 신혼부부
2. 흐붓한 달빛이 깔린 메밀밭은 소금을 뿌린 듯이 하얗다.

1. 이효석 생가
2. 효석 달빛 언덕

은 이효석의 문학세계를 닮아 자연과 잘 조화된 축제라는 느낌이 들었다.

소설의 무대이자 이효석이 태어나 자란 이곳 축제장 문화마을에는 생가터, 물레방앗간, 충주집, 이효석 기념관, 메밀 향토자료관 등이 들어서 있다. 그리고 소설 속 배경 그대로 메밀꽃이 산허리를 휘감고 돌며 피어 있다. 시적 정서와 예술성이 가미되어 자세히 볼수록 예쁜 축제다.

장돌뱅이 허 생원을 만나볼 양으로 봉평장 쪽으로 발길을 돌리자 섶다리를 건너려는 사람들이 줄지어 서 있다. 옆에 돌다리, 콘크리트 다리도 있는데 유난히 섶다리 쪽에만 줄을 선 사람들은 이 다리와 건너편 봉평장이 어쩐지 잘 어울릴 것 같다는 생각을 하는지도 모르겠다. 소설 속의 봉평장 풍경처럼 축제 기간 동안의 봉평장터에는 관광객들로 북새통이다.

각설이 공연과 소리패 공연이 장터 분위기를 한층 고조시키고 있다. 한쪽에서는 민요 가락이 울려 퍼지자 공중 외줄타기가 시작되었다. 가는 줄 위에서 떨어질 듯 말듯 아슬아슬한 묘기에 모두들 가슴을 쓸어내리며 박수를 친다. 닭, 오리, 꿩, 거위, 토끼 등 가축들을 보고 어린이들은 동물원에 온 것 같이 좋아한다. 굴렁쇠 놀이, 딱지치기, 비석치기, 고무신 끌기 등 전통민속놀이 체험도 축제의 흥을 더해주고 있다.

한쪽에선 뻥튀기 한두 줌씩 거저 집어가려고 어른, 아이 할 것 없이 몰려든다. 싸리나무 소쿠리, 반질반질 윤이 나는 무쇠솥, 숯다리미, 화로 등 향수를 불러일으킬 만한 옛 물건들이 바닥에 펼쳐진 채 주인을 기다리고 있다.

농산물과 토산품, 주전부리용 간식, 외국인 공연까지 봉평장은 분주하다. 먹거리 장터에는 메밀전병 부치는 곳이 유난히 눈에 많이 띄었다.

1. 메밀전
2. 메밀전병
3. 메밀국수와 묵사발

"관광객들이 메밀전병을 제일 많이 찾나 봐요. 예전 기억으로는 특별한 맛이 나는 것 같지는 않던데."

"겉모양은 순대도 아니고 만두도 아니지만 맛은 김치만두 속 같은 느낌이죠. 바다가 가깝고 쌀이 흔한 남도 쪽에는 해산물이나 떡 같은 음식이 많지만, 강원도 지방은 밭곡식이 많이 나서 만두 같은 밀가루 음식이 많았어요. 메밀전병이 대표적이지요."

전 교수가 봉평장터에 메밀전병이 많은 유래를 설명했다.

축제장의 관광객들은 이곳 봉평장에서 가슴속에 묻어두었던 향수를 덤으로 얻어오는 듯 표정에 만족감이 배어 있다.

이효석 생가 쪽에는 동이와 허 생원이 다투던 충주집이 있고, 달빛 고운 보름달이 뜨면 금방이라도 딸랑딸랑 방울 소리를 낼 것 같은 나귀도 한 마리 서 있다. 그 옆으로 물에 빠진 허 생원을 동이가 업고 건넜던 흥정천이 흐르고, 개울 건너에는 허 생원이 사랑을 나누던 물레방앗간이 있다. 물레방앗간 주변은 모두가 흰 소금 같은 메밀밭이어서 소설의 배경이 되었음을 실감나게 한다. 생가터 왼쪽 산밑 언덕에는 이효석이 살았던 평양의 창전리 양옥을 복원한 붉은 지붕의 집이 한 채 있는데, 이 집에서 소설 《메밀꽃 필 무렵》을 집필하였다.

축제장을 돌아보는 사이 어느새 해가 지고 말았다. 하얀 달이 뜬 메밀밭에 가면 허 생원을 만날 수 있을 것이란 기대감으로 효석 달빛언덕에 올랐다. 그러나 아쉽게도 하늘엔 짙은 구름이 끼었고, 하얀 달 대신 붉은 달이 떠올라 은은한 메밀밭에서의 허 생원과의 조우는 다음을 기약할 수밖에 없었다.

일본의 오지였던 삿포로를 국제적인 관광도시로 만든 것은 1972년 동계 올림픽이었다. 그러나 정작 올림픽을 성공적으로 이끈 것은 '삿포로 눈축제' 였다.

효석 문화제는 하얀 달빛 아래 메밀밭 오솔길 걷기와 섶다리 건너기, 물레방앗간 사랑 등 시대를 거슬러 우리의 옛 정취를 한껏 즐기고 느낄 수 있는 문화 축제다. 평창동계올림픽 이후 세계인들이 봉평의 달빛 아래 흐드러지게 핀 메밀꽃밭에서 생애 단 한 번의 사랑을 할 수 있는 축제가 되기를 빌어 보는 동안 짐승 같은 달의 숨소리가 손에 잡힐 듯이 들렸다.

저마다의 소원을 담은 풍등이 밤하늘을 수놓고 있다.

ⓒ평창군청

매년 추석 무렵이면 불갑사 주변은 상사화로 불이 난 것처럼 빨갛게 물이 든다.

이루지 못한 애절한 사랑

영광 불갑산 상사화 축제

날마다 그리움으로 길어진 꽃을
내 분홍빛 애틋한 사랑은
언제까지 홀로여야 할까요? (중략)

죽어서라도 꼭 당신을 만나야지요
사랑은 죽음보다 강함을
오늘은 어제보다 더욱 믿으니까요

이해인 수녀는 그의 시 「상사화」에서 "기다림이 얼마나 가슴 아픈 일인가를 기다려 보지 못한 이들은 잘 모릅니다"라고 했다.

전라남도 영광군 모악산 기슭에는 백제 1,600여 년의 오랜 불교 역사를 상징하듯 고색창연한 사찰이 단정히 앉아 있다. 고운 자태를 숨기고 부끄러운 듯이 나무 그늘에 피어 있는 상사화에 둘러싸인 불갑사(佛甲寺). 백제 침류왕 원년(384)에 인도 스님 마라난타가 법성포에 당도하여 처음으로 불교를 전래하여 '모든 사찰 중의 으뜸'이라는 뜻을 간직하고 있다.

이 불갑사 주변 숲속 그늘에는 매년 9월이 되면 붉은색 상사화(꽃무릇)가 만개하여 한 스님의 이루어질 수 없었던 애절한 사랑 이야기를 전하고 있다.

불갑산 상사화 축제장은 여느 축제장과는 달리 들뜬 기분은 느낄 수 없었다. 조용한 사찰 주변에서 개최되는 축제이기 때문이겠다는 생각이 들었다. 상사화의 꽃말인 '이루어질 수 없는 사랑'이 주는 분위기도 한몫했으리라.

"상사화가 불갑사 주변에만 유난히 많이 피나요?"

"상사화는 보통 사찰 주변에 많이 피는 꽃이에요. 그래서 예전엔 스님들이 상사화를 많이 심었는데, 탱화의 물감으로도 쓰는 인경(鱗莖 : 비늘줄기)을 추출하기 위해서였습니다. 그리고 상사화 뿌리 즙으로는 종이 쓸지 않고 색을 변하지 않게 하는 재료로도 썼다고 합니다."

"절에서는 상사화를 피안화(彼岸花)라 부르는데, 꽃잎이 사그라지면 번뇌 망상도 소멸되고, 꽃만 피어 있는 상태를 깨달음을 통한 해탈의 세계라 생각했지요."

1. 사찰에서는 상사화의 꽃만 피어 있는 상태를 해탈의 세계라고 여겼다.
2. 불갑산 주변에 만개한 상사화와 관광객들

나의 질문에 스님의 설명은 계속 이어졌다.

"불갑사는 온대림과 난대림이 교차하는 곳에 위치하고, 이 지역의 고온다습한 토양은 상사화 서식지로서 최상의 지리적 조건이기 때문에 다른 사찰 주변보다 상사화가 많이 자생하고 있습니다."

"그리고 군민 대다수가 상사화를 군화(郡花)로 지정하기를 바랄 정도로 영광군민의 애정이 남달라 군청에서 계획적으로 상사화 꽃밭을 불갑사 주변에 가꾼 것도 이유가 되겠지요."

"군민의 이런 애정이 바탕이 되어서 상사화 축제를 개최하기 시작했지만, 요즘엔 불갑사 정우 스님의 이루어질 수 없는 사랑 이야기가 전국적으로 알려지면서 매년 축제 때가 되면 예전보다 더 많은 사람이 찾아오고 있습니다."

"자세히 보시면 아시겠지만 이 축제에는 여성분들이 훨씬 많이 와요. 아무래도 남성보다는 여성들이 애틋한 사랑에 대해 조금 더 감성적으로 생각하는 것 같아요."

"잎이 지고 꽃이 피며, 꽃이 지면 잎이 나와, 꽃과 잎이 서로 보지 못하고 서로 생각하고 그리워한다는 '화엽불상견 상사초(花葉不相見 相思草)'라고 해서 상사화로 불립니다."

스님은 안경을 고쳐 쓰고, 불갑산 상사화 축제의 시발점이 된 애틋한 정우 스님의 사랑 이야기를 시작했다.

영광 불갑사에 불화를 잘 그리는 화승 정우 스님이 들어오게 되었다. 스님이 불갑사에 온 지 얼마 지나지 않아 한 여인과 우연히 마주쳤고, 그 후 스님은 속세의 그 여인을 잊지 못해 마음속으로만 연모하게 되었다. 그 여인의 이름은 수월 아씨였다.

그러던 어느 날 수월 아씨는 정우 스님을 찾아와 자신의 자화상을 그려 달라는 청을 하였다.

"스님, 제 자화상을 그려주실 수 있으신지요?"

"무슨 연유로 자화상을 그리려고 합니까?"

"제가 곧 시집을 가게 되는데, 제가 떠나고 나면 아버님께서 혼자 외롭게 지내실 것 같아요. 어머님도 안 계시는데, 그런 아버님을 자주 찾아뵐 수도 없을 테니…. 보고 싶을 땐 언제든지 저를 보듯 보실 수 있도록, 제 자화상을 그려 아버지께 드릴 생각에 이렇게 찾아뵙게 되었습니다. 스님."

정우 스님은 수월 아씨의 효성에 감복하여 흔쾌히 자화상을 그려주마고 약속했다.

나중에 알았지만 수월 아씨가 시집을 가게 될 상대는 그 지방 태수의 아들인데, 천하의 날건달이었다. 그러나 수월 아씨는 강압에 못 이겨 맘에도 없는 결혼을 한다는 것이었다. 정우 스님은 수월 아씨 자화상을 그리는 10여 일 동안 얼굴을 맞대고 앉아 그림을 그릴 수 있어 행복해하면서도 내키지 않는 결혼을 해야 할 수월 아씨를 생각하면 마음이 아프기만 했다.

자화상이 완성되고 수월 아씨가 태수의 아들에게 시집가기로 한 날, 갑자기 태수의 아들이 새벽같이 정우 스님을 찾아왔다.

"수월 아씨 어디 있소?"
"빨리 수월 아씨 데려오시오!"
"어디다 숨겼소!"

혼인날 신부가 없어진 것을 발견한 태수 아들은 자화상을 그리려고 수월 아씨가 매일 불갑사에 가는 것을 알고 있었으므로 스님이 자기 몰래 수월 아씨를 피신시킨 것으로 생각했다. 그래서 스님을 찾아와 윽박지르며 실랑이를 한 것이었다. 그때 누군가 큰소리를 쳤다.

"호랑이가 수월 아씨를 데려갔다."

소리 나는 쪽으로 이들이 달려가자 모악산으로 난 사찰 사립문 입구에 굶주린 듯한 호랑이가 큰 눈을 부릅뜨고 이들을 노려보며 앉아 있었다. 호랑이를 보자 태수 아들 일행은 질겁해서 도망가고 정우 스님 혼자 남게 되었다.

정우 스님은 호랑이와 오랫동안 대치하다가 호랑이의 눈을 횃불로 찔렀다. 그러나 그와 동시에 호랑이가 앞발로 스님의 목덜미를 물고 말았다.

한참 후, 대웅전으로 피신했던 수월 아씨가 정신을 차리고 달려와 보니 정우 스님이 쓰러져 있었다. 수월 아씨는 정우 스님이 호랑이로부터 자신을 구해준 것을 직감하고 싸늘하게 식은 시신을 안고 밤새 통곡을 멈추지 않았다. 그리고 정우 스님이 그린 관음도에 자신의 모습이 그려져 있는 것을 발견한 수월 아씨는 정우 스님의 자신을 향한 마음까지 알게 되었다. 수월 아씨는 정성을 다해 스님의 장례를 치렀다.

그 후 정우 스님 무덤 주위에는 이른 봄부터 못 보던 새싹들이 움트기 시작했다. 그런데 여름이 되자 새싹이 자취를 감추더니 여름이 깊어갈 때쯤 연분홍 꽃들이 흐드러지게 피어났다. 후일 사람들은 잎과 꽃잎이 만나지 못하는 이 꽃이 정우 스님과 수월 아씨의 애달픈 사랑과 닮았다고 하여 '상사화'라고 이름 지었다.

정우 스님의 애틋한 사랑 이야기를 듣고, 상사화 축제에는 왜 그 흔한 꽹과리조차 없는지 어렴풋이 짐작이 갔다.

그러나 '상사화愛(애) 빠져 아름다운 추억여행'이라고 인쇄된 축제 팸플릿 뒷면에는 '상사화는 이룰 수 없는 사랑이라는 꽃말을 가졌지만 사실은 정열적인 사랑을 뜻한다. 이곳 불갑사에는 꼭 이룰 수 있는 사랑을 뜻하는 정열의 상사화가 활짝 피어오른다'라고 쓰인 고딕체 글자가 눈에 들어왔다.

왠지 "눈치가 빠르면 절에 가도 젓갈을 얻어먹는다"라는 속담처럼 세속인들을 위한 유혹처럼 느껴졌다. 적어도 이 상사화 축제는 세상에 둘도 없이 외로운 이들만을 위한 '홀로 걷는 상사화 꽃길이 있는 축제'가 되었으면 좋겠다는 생각을 하며 축제장을 빠져나왔다.

가을비가 소리도 없이 내리고, 물방울이 맺혀 있는 상사화는 부끄러운 듯 고개를 숙이고 있었다. 빗줄기에는 슬픈 솔 향기가 묻어 나왔다.

능소 아가씨와 박 선비의 사랑 이야기에서 비롯된 흥타령 춤이 세계인의 축제가 되었다.

아파도
웃는다

천안 흥타령 춤 축제

천안 삼거리 능수야 버들은 흥~
제멋에 겨워서 흥~
축 늘어졌구나 흥~
에루화 좋다 흥~
성화가 났구나 흥~

경사스러운 날에 흥겹고 신나게 부른 이 흥타령과 춤이 입에서 입으로 전해져 '천안 삼거리 흥타령'이 되었다. 사설(辭說) 사이사이에 '흥흥' 하는 조흥(助興)이 끼었기 때문에 '흥타령'이라 했다.

순후한 인정이 넘치던 삼남의 길목, '천안(天安), 지안(地安), 인자안(人自安)'이라 일컬어 하늘 아래 가장 평안한 곳이라던 천안.

고속도로나 철도가 놓이기 전인 조선 시대의 천안은 교통요충지였다. 북쪽으로는 평택과 수원을 거쳐 한양에 이르는 길목이고, 남쪽으로는 청주, 문경새재를 넘어 안동, 영주, 대구, 경주로 이어지는 경상도 가는 길목이었다. 또, 서쪽으로는 충청도 논산을 거쳐 전주, 광주, 목포 방향으로 가는 전라도 길이 나뉘는 삼남대로의 분기점이었다. 이런 교통요충지에는 길손들이 쉬어가는 원(院)과 주막 같은 숙박시설들이 들어서게 되고, 오가는 사람들의 이런지런 사연들이 스며 있게 마련이다.

특히, 천안 삼거리는 삼남 각지로 부임하던 원님들의 호사스러운 관행이 지나가기도 하고 초라한 선비가 아픈 다리를 쉬기도 했던 곳이다. 그래서 교통이 발달한 오늘날에도 천안 삼거리는 '천안 12경 중 제1경'으로 꼽힐 정도로 인기 있는 관광명소가 되고 있다.

매년 10월 초가 되면 이 천안 삼거리에는 관광객들로 인해 유난히 발 디딜 틈이 없다. 감정이 풍부하고 흥이 많은 우리 민족의 정서가 고스란히 밴 천안 흥타령 춤 축제가 열려 이때가 되면 전국 각지의 춤, 흥의 집합소가 되기 때문이다.

천안 흥타령 춤 축제는 이 지역에 전해지는 '능소 처녀와 박 선비의 사랑 이야기'를 토대로 2003년부터 기존의 천안 삼거리 문화제에서 콘텐츠와 이름을 바꿔 개최하고 있다. 특히 외국인들의 참여가 많아 국경을 초월한 춤 축제로 성장하고 있다.

천안의 능소 아가씨는 이 축제로 인해 로미오와 줄리엣처럼 글로벌 문화 콘텐츠의 주인공으로 등장한 셈이다.

조선 선조 때 유봉서라는 가난한 선비가 아내를 잃고 어린 딸 능소와 천안 광덕산 기슭에 살았다. 그러나 임진왜란이 일어나자 징집령이 내려 유봉

1. 축제장인 천안 삼거리 공원의 야경
2. 흥타령 춤 축제 개막식

서는 누군가에게 딸을 부탁하고 변방으로 떠날 수밖에 없었다. 그래서 삼거리의 주막집 과부에게 능소를 부탁하기로 결심했다.

"주모, 어미 없이 자란 불쌍한 내 딸을 부탁하네. 이 몸이 변방으로 당장 떠나야 하니, 오갈 데 없는 이 아이를 딸 삼아 동무 삼아 데려있어 주면, 내 훗날 반드시 돌아와 은혜를 갚겠소."

1. 2. 3. 능소전 마당놀이

주모는 영특하게 생긴 능소를 아비가 돌아올 때까지 맡아주기로 흔쾌히 약속했다. 떠나기 전 유봉서는 삼거리 주막 담벼락에 버드나무 지팡이를 꽂으며 "이 나무에 잎이 피면 너를 데리러 오마" 하고 말하고는 훌쩍이는 딸을 뒤로한 채 기약 없는 생이별을 하고 말았다.

그 후 능소는 기품 있고 총명한 처녀로 성장했다. 능소가 16살이 되던 어느 날, 전라도 고부에서 과거 보러 가던 박현수라는 선비가 도둑을 만나 피투성이가 되어 주막을 찾았다. 능소는 그를 보살펴 주다가 그만 사랑에 빠지고 말았다. 그러나 이들의 사랑도 잠시뿐이었다. 이듬해 봄, 박 선비는 과거를 보러 한양으로 떠나야 했기 때문이다. 박 선비는 능소에게 과거에 급제해 다시 돌아올 것을 약속했지만 한양으로 떠난 뒤 오랫동안 소식이 없었다.

그동안 한양에서는 이듬해 증광시가 열렸고, 시제는 '봄날에 꾀꼬리는 울고 바람은 산들거리네'였다. 박 선비는 능소와의 만남과 이별을 시험지에 일필휘지로 써냈다. 장원급제였다. 삼일유가(三日遊街)를 마친 박 선비는 시험지에 쓴 구절은 자신과 능소와의 인연을 쓴 것이라고 임금님께 아뢰었다. 임금님은 이들의 아름다운 해후를 만들어 주기 위해 박 선비를 충청우도 암행어사에 제수하였다. 암행어사가 된 박 선비는 찢어진 갓에 허름한 옷차림으로 천안으로 내려갔다.

한편, 능소는 하염없이 북쪽 하늘을 쳐다보며 "저 나무가 무성해지면 아버지와 낭군이 돌아오시겠지"라고 말하며 한숨을 짓곤 했다.

그렇게 오랜 세월을 보내다 어느 날 무심코 담벼락에 아버지가 꽂아 두었던 버드나무 지팡이를 쳐다보니 새싹이 돋아 오르고 있었다. 능소는 다음 날부터 대문간에 나가 아버지와 낭군 오기를 기다리기 시작했다. 며칠 후,

꿈에서도 그리워하던 아버지와 낭군이 돌아오는 게 아닌가?

'이게 꿈은 아니겠지?'

전장에 간 아버지와 장원급제한 낭군이 한꺼번에 자신 앞에 나타난 것이다. 아침 일찍 암행어사 행차가 능소의 집 앞에서 멈추자 박 선비가 나타났다. 곧이어 아버지도 약속이나 한 듯이 한날한시에 자신 앞에 나타났다. 다음 날 유봉서는 곱게 성장한 딸을 보고 너무 기뻐 잔치를 벌였고, 암행어사가 된 박현수는 능소 아가씨를 꼭 안고 평생 해후할 것을 많은 사람들 앞에서 약속했다.

이 모습을 본 이웃 사람들은 풍악을 울리며 흥에 겨워 어깨춤을 추었고, 아버지는 노래를 부르기 시작했다. '천안 삼거리 흥타령'이었다. 그리고 매일 능소가 빨리 자라기를 학수고대하던 주막집 담벼락 밑의 버드나무를 '능소 버들'이라고 후세 사람들은 말했다.

이 같은 능소 처녀와 박 선비의 애틋한 사랑 이야기는 지금까지도 가요, 소설, 영화, 마당극, 뮤지컬 등 여러 장르의 창작 소재가 되고 있다.

우리 민족은 한(恨)을 흥(興)으로 풀어낼 수 있는 창조적 능력을 가지고 있었다. 한은 억눌림에서 나오는 정서인 데 비해, 흥은 해원(解寃)의 춤에서 시작된다. 농무나 강강술래, 마당놀이, 각설이 타령도 한을 흥으로 풀어낸 한국인의 창조적 능력의 결과물이다.

어린 나이에 어머니를 여의고 외롭게 자란 천안 처녀 능소 아가씨의 설

1. 2. 3. 춤 경연 대회에 참가한 외국인 참가자들

1. 천안 흥타령 춤 축제 거리 퍼레이드
2. 거리 퍼레이드에 참가한 외국 팀

움, 이별, 기다림의 한이 흥타령 춤과 민요가 되어 이제는 '흥타령 춤 축제'로 승화된 것이다. 그래서 천안 흥타령 춤 축제는 아파도 웃을 수밖에 없었던 능소 아가씨의 역설적인 한의 문화를 현대인들이 공유하고 이해하는 잔치 마당인 셈이다.

축제장인 삼거리 공원은 능소 아가씨와 박 선비의 해후를 기뻐해 주고 있다는 듯이 흥으로 흠뻑 젖어 있었다. '능소' 상설공연장의 사람들은 마치 자신이 능소가 된 듯 행복에 겨워 어깨춤을 추기도 하고, 메인 무대 공연장에선 전국 춤 경연대회가 한창이다. 삼거리 공원 연못을 가로지르며 건너는 목교 가운데 멋들어진 정자에서는 현대판 능소 아가씨와 박 선비가 행복한 미소를 지으며 손을 맞잡고 서 있다.

공원 내 산책로를 따라 걷던 중 천안노래비 하나가 눈에 들어왔다. 70~80년대 온 국민의 가슴을 적시며 애창되었던 대중가요 노래비였다. 능소 아가씨와 박 선비의 사랑 이야기와 삼거리에 남아 있는 수많은 사람의 사연을 묶어 천안 출신 방송작가 김석야 선생이 작사한 노래. '하숙생'.

삼거리 주막과 흥타령, 어쩌면 신세대들에게는 '요즘 옛날(Going Newtro)'이 될 수도 있다는 생각이 들었다. 이들이 배고프고 추운 하숙생의 애환을 알 리 없겠지만 이들에게도 그들대로의 인생이 있으니.

"인생은 나그네길 어디서 왔다가 어디로 가는가?"

바우덕이 상상도

외줄타기 공연

조선 시대 아이돌 가수 바우덕이

안성 바우덕이 축제

안성 청룡 바우덕이, 소고만 들어도 돈 나온다
안성 청룡 바우덕이, 치마만 들어도 돈 나온다
안성 청룡 바우덕이, 줄 위에 오르니 돈 쏟아진다
안성 청룡 바우덕이, 바람을 날리며 떠나를 가네

경기도 안성지방에 전해 내려오는 바우덕이의 뛰어난 기예를 알 수 있는 민요 가사 내용이다.

"안성은 기(畿)와 호(湖)의 어우름이요, 삼남(三南)의 어구렷다" 조선 정조 때 실학자 연암 박지원이 쓴 《허생전》의 주인공 허생이 장사를 하기 위해 안성장을 둘러보며 하는 소리다. 예로부터 안성(安城)은 '편안한 고장'이라는 이름답게 하천이 많고 땅이 기름지고 물산이 풍부해 시장이 번성했다. 특히, 안성장에서 파는 유기그릇은 견고하고 정교하게 제조되어 '안성맞춤'이라 하여 전국에 유통되었다. 지금도 무엇이든 맞추어 만든 것 같이 잘 맞는다는 뜻으로 쓰이는 '안성맞춤'이라는 말은 여기서 유래했다.

그 안성맞춤을 현대적으로 해석하고 구성한 곳이 안성맞춤랜드. 이곳은 우리나라 남사당패의 발생지요, 매년 조선 시대 최고의 예술가이자 최초의 연예인으로 평가되고 있는 바우덕이의 예술혼을 이어받기 위해 '안성 바우덕이 축제'가 열리는 곳이다.

나는 조선 시대 아이돌 가수 바우덕이를 만날 수 있다는 기대감에 부풀어 축제장인 안성맞춤랜드를 찾았다. 축제장에 들어서자 조선 시대 전국 3대 장이었던 안성장터의 옛 모습을 재현하기 위해 만든 50여 동의 초가 점포가 첫눈에 들어왔다. 팔도 특산물 장터에서 판매하는 놋쇠로 만든 꽹과리는 전통 안성맞춤 유기장의 명성을 이어가듯 했다. 시간여행을 하는 기분으로 예쁜 꽃이 주변환경과 잘 조화된 오솔길을 따라 남사당 공연장으로 들어서자 관객들의 열기가 후끈 달아올라 있었다.

남사당패는 조선 후기 자연스럽게 서민층에서 생겨난 민중 놀이 집단이다. 이들은 농악놀이, 접시돌리기, 재주넘기, 줄타기, 탈놀이, 인형극 등의 공연을 보여주고 돈이나 곡식을 받아 생활하는 전문연희집단이었다.

남사당놀이 연희자들은 유머와 위트를 섞은 걸죽한 입담으로 관객들을 즐겁게 해줄 뿐만 아니라 중요한 사회적 메시지를 전달하기도 했다. 특히, 탈춤과 꼭두각시놀음에서는 남성 중심의 사회에서 여성들은 물론이고 하층민들의 억압받는 삶을 풍자해 공감을 얻었다. 공연장의 남사당놀이에서는 정치적으로 힘없는 서민들을 대변하고, 이들에게 꿈을 주어 삶을 이어가게 하는 탈일상 축제의 전형을 보여주고 있었다.

그래서 남사당 공연장은 잠시나마 '모든 가치와 질서가 뒤바뀌는 해방의 장소'가 되었다. 관객들은 일상적 삶의 한계를 파괴하는 경험과 더불어 모든 차별을 넘어서 일체감과 유대감을 느끼는 듯했다.

옆에 앉은 관객 둘이 줄타기 공연을 보면서 실물 바우덕이에 큰 관심을 나타냈다.

"바우덕이가 요즘 태어났으면 아마 BTS보다 더 유명한 연예인이 되었을지도 모르지."

"미모가 뛰어난 데다가 엄청 외줄도 잘 탔고, 소리도 잘했대. 대원군이 초청했대잖아. 그럴 만도 할 거야."

구전에 의하면 본명이 김암덕인 바우덕이는 19세기 중반, 안성 남사당패를 이끌었던 꼭두쇠로 22년의 짧은 생애를 살았던 당시 최고의 인기 연예인이었다. 5세에 남사당에 들어가 15세에 우두머리인 꼭두쇠가 되었을 만큼 뛰어난 기량을 지녔을 뿐만 아니라 미모가 빼어나 당시 서민들의 사랑을 독차지할 정도였다. 그래서 대원군은 경복궁 중건 때 일꾼들을 위로하기 위해 궁궐에서 바우덕이의 공연을 열고, 기예를 칭찬하며 옥관자를 하사하기도 했다.

경기도 안성 땅에 골칫덩이 아들을 둔 부유한 양반이 살았다. 그 아들은 인근에 악명이 자자한 난봉꾼이었다. 술과 여자를 좋아하는 데다 씀씀이가 커서 항상 한량들이 그를 따라다녔다. 돈 많은 양반은 늦게 얻은 외아들의 좋지 못한 행실이 큰 골칫거리였다. 타이르고 꾸짖어도 말을 듣지 않으니 양반 부부의 시름은 커져만 갔다.

어느 날 난봉꾼 아들이 한량들과 저잣거리 구경에 나섰다가 외줄을 타던 바우덕이를 보고 첫눈에 반하고 말았다. 놀이가 끝난 후 쫓아가 바우덕이를 한 번만 만나게 해 달라고 조르지만 남사당패 우두머리인 꼭두쇠는 "그 아이는 돈을 받고 놀이를 하는 아이요. 맨입으로는 만나게 해 줄 수 없소"라며

바우덕이 축제에 참가한 외국인 공연단

© 안성시청

축제장인 안성맞춤랜드

매정하게 거절하였다.

어쩔 수 없이 지니고 있던 돈을 남사당패 우두머리에게 전부 털어 주고 난 뒤에야 겨우 바우덕이를 잠깐 만날 수 있었다. 이날부터 외아들은 부모님을 졸라 돈을 타 내어 꼭두쇠 손에 쥐어 주고 밤마다 바우덕이를 잠깐씩 만날 수 있었다. 미모의 바우덕이는 노래도 잘하고 재치도 있을 뿐 아니라 농담도 잘했다. 더구나 난봉꾼 외아들의 희롱까지도 서슴없이 받아 주었다.

그러나 바우덕이는 매일 밤 외아들의 마음을 쏙 빼앗아 놓고는 시간이 다 되었다는 핑계로 몸을 빼 달아나 버리는 것이었다. 맘만 먹으면 못 하는 일이 없었던 외아들은 애간장이 탔다. 그러던 어느 날 외아들은 바우덕이에게 물었다.

"도대체 어찌하면 내 마음을 받아들일 수 있느냐?"

"저는 천출이라 어려서부터 양반들에게 많은 설움을 당하며 살았지요.

그러니 저를 첩이 아닌 정실로 맞아준다면 몸과 마음을 허락하겠소이다."

당시 엄격한 신분제하에서 이 요구만큼은 외아들도 어찌할 수 없는 일이었다.

"다른 것은 몰라도 그것만은 내 힘으로 할 수 없다."
"그렇다면 제가 비록 재주를 팔아 연명하는 천한 계집이지만 한때의 유흥 거리로밖에 저를 생각하지 않는 도련님과는 더 이상 만날 수 없습니다."

바우덕이는 매서운 기세로 자리를 박차고 일어섰다. 당황한 외아들은 바우덕이의 치맛자락을 붙잡고 애걸했다.

"그것 말고 다른 것이라면 무엇이든 들어주겠다."
그러자 바우덕이는 "양반 가문의 안주인에게는 대대로 전해지는 보물이 한 가지씩 있다고 들었는데, 그것을 가져다주실 수 있는지요?" 하고 물었다.

외아들은 며칠간을 고민하다가 어머님이 소중하게 간직하고 있는 집안의 오래된 옥가락지를 훔치고 말았다. 얼마 후 집안은 발칵 뒤집히고, 엉뚱하게도 행랑채 계집종이 옥가락지 훔친 누명을 쓰고 모진 매를 맞고 죽었다. 외아들은 자신의 탐욕 때문에 무고한 사람이 죽어 나가자 당혹감을 감추지 못했으나 '이왕 이렇게 된 바에야 반드시 바우덕이를 내 품에 안고 말겠다'고 굳은 결심을 했다.

외아들이 다음 날 바우덕이를 만나러 갔지만 남사당패와 바우덕이는 이미 안성 땅을 떠나고 없었다. 시름에 겨워 술로 세월을 보내던 외아들은 밤마다 방문 밖에서 흐느껴 우는 죽은 계집종의 곡성에 시름시름 앓기 시작했다. 죄책감에 견디지 못한 외아들은 마침내 이실직고하고 말았다.

"어머님, 제가 바우덕이에게 눈이 멀어 어머니의 옥가락지를 훔쳤습니다."

그러나 어머니는 다 알고 있었다는 듯 아무런 꾸중도 하지 않았다. 이 모든 일은 자식을 정신 차리게 하기 위한 부모님의 계획이었던 것이다. 외아들은 그때야 비로소 자신의 허물을 깨닫고, 바우덕이에게 마음 깊이 감사하고 학문에 정진하는 선비가 되었다.

화려한 공연 뒤의 공허감을 느끼는 요즘의 인기 연예인의 심정과 다르지 않았을 바우덕이의 마음을 헤아리듯, 외줄 타는 남사당패 공연단의 몸짓이 오늘따라 왠지 외로워 보였다.

공연장에서는 연신 환호하는 관중들 앞에서 풍물놀이와 대접 돌리기, 살판, 줄타기, 탈놀이, 꼭두각시놀음이 이어지고 있었지만 내 귀에는 '훌쩍훌쩍' 5살짜리 고아 소녀 바우덕이가 남사당패에 들어가면서 울먹이던 소리가 들리는 듯했다.

공연장을 빠져나와 축제장의 소원대박터널을 걸으며 '그대 앞에 영광 있으라!'를 되뇌고, 바우덕이 사당과 묘가 있는 불당골 청룡사로 발길을 옮겼으나 발길이 가볍지만은 않았다.

벽골제에는 단야 낭자의 슬픈 사연을 안은 쌍룡이 결투하듯 마주하며 서 있다.

© 김제시청

쌍룡놀이로 다시 태어난 단야 낭자

김제 지평선 축제

조정래의 대하소설 《아리랑》은 김제평야를 이렇게 묘사하며 시작된다.

초록빛으로 가득한 들녘 끝은 아슴하게 멀었다. 그 가이없이 넓은 들의 끝과 끝은 눈길이 닿지 않아 마치도 하늘이 그대로 내려앉은 듯싶었다.

하늘과 땅이 만나는 지평선의 고장, 김제. 각양각색의 코스모스가 사열하듯 반기고 있다. 지평선 축제가 열리는 10월 초의 김제평야는 벼 익는 소리와 코스모스 조잘대는 소리, 사람들의 발길 소리가 뒤엉켜 분주하기만 하다. 고속도로를 빠져나와 김제로 향하는 외길 국도는 오늘도 예외 없이 정체되고 있지만 벽골제 방둑 위의 훨훨 날고 있는 가오리연은 정체 따위는 신경 쓰지 말라는 듯 환영의 손짓을 하고 있다.

전라북도 김제는 농업 중심의 경제체제였던 1950년대까지만 해도 전국에서 손꼽히는 부촌이었다. 1960년대 이후 공업화가 진행되는 과정에서 상대적으로 더디게 발전하는 도시가 되고 말았지만 5천 년 역사에서 농경문화는 우리 생활의 중심문화였고, 그 대표적인 발상지가 김제였다.

전통적인 농경 생활은 한 곳에 정착해 여러 계절에 걸쳐 농사를 지어야 하기 때문에 농번기, 농한기라는 생활의 리듬이 생겼다. 그래서 농한기에는 공동체 생활을 기반으로 여러 가지 문화가 자연스럽게 발달했다. 문화발달 사적으로 살펴보아도 오늘날 김제에서 지평선 축제와 같은 농경문화 축제가 태동해 대한민국 대표축제가 된 것은 우연이 아니다.

일찍이 삼한 시대부터 김제는 벽비리국, 벽골군 등으로 불렸다. '벼의 고을'이라는 뜻이다. 그래서 우리나라 최고의 '벽골제'라는 저수지가 만들어져 벼농사의 신기원을 이룩한 곳이기도 하다. 벼농사를 짓기 위해서는 안정적인 강수량 확보가 필수적이기 때문이다. 특히 전통사회에서 저수지나 수로는 농경사회 최대 공공기반시설이었고, 그 건설에는 여러 가지 이야기들이 전해 오기 마련이다.

누렇게 익어가는 황금 들판이 주는 마음의 풍요를 가득 안고 축제장인 벽골제 공원 정문으로 들어가면 왼편에 다소 엉거주춤한 듯한 포즈의 2층으로 된 단야루(丹若樓)와 그 뒤로 단층으로 된 아담한 한옥 단야각(丹若閣)이 서 있다. 축제와 연관성이 있는 건물이건만 답사에 동행한 학생들은 무표정들이다.

"단야루와 단야각, 그리고 축제 프로그램에 들어있는 쌍룡놀이, 축제장 안쪽의 거대한 쌍룡 구조물의 설치 내력은 안내자의 설명을 들어보면 자연스럽게 알게 될 것"이라는 내 말을 듣고서야 그들은 귀를 기울이며 관심을 보였다. 안내자의 설명이 시작되었다.

코스모스가 피어 있는 김제평야

"이곳은 여러분들이 교과서에서도 배운 우리나라에서 가장 오래된 저수지 중의 한 곳인 벽골제입니다."

"일제 때 식량 수탈을 위해 저수지를 메우고 긴 수로로 개조하는 바람에 저렇게 조그만 웅덩이처럼 보이지만 삼국시대에는 충북 제천의 의림지, 경남 밀양의 수산제와 함께 우리나라 최고, 최대의 저수지였습니다."

"삼국사기에는 서기 330년(백제 비류왕 27)에 쌓았고, 790년(원성왕 6)에 증축되었다고 기록되어 있어요. 그리고 고려 시대와 조선 시대 때 수차례 보수, 중수되어오다가 1925년 간선수로로 이용하기 위해 벽골제 일대를 공사하면서 원형이 거의 사라지고 말았습니다. 지금은 사적 제111호로 지정되어 원형복원작업을 계속 진행하고 있으니까 아마 몇 년 지나고 난 후, 다시 오시면 당시의 거대한 저수지 형태를 볼 수 있을 겁니다. 그때 다시 뵙게 되길 기대합니다."

김제시 담당자는 자긍심이 산뜩 묻어 있는 목소리로 벽골제와 관련해 전해 오는 전설을 설명하기 시작했다.

"벽골제에 대한 전설은 쌍룡 전설과 단야 낭자 전설 2개가 지금까지 전해 오는데, 내용이 비슷해요."

신라 제38대 원성왕 때, 쌓은 지 오래되어 벽골제가 붕괴 직전에 놓이게 됐다는 진정서가 임금님께 올라왔다. 주변 7개 주 사람들이 모두 벽골제의 물을 이용해서 농사를 지었기 때문에 벽골제가 붕괴되면 많은 백성이 터전을 잃게 되는 중대한 일이었다.

조정에서는 국내 으뜸 기술자인 원덕랑을 현지에 급파했다. 왕명을 받은 원덕랑은 김제에 도착하자마자 태수의 집에 머무르며 보수공사를 시작했다. 공사를 위해 고민하고 열중하는 성실하고 믿음직한 원덕랑을 매일 보게 된 태수의 딸 단야 낭자는 그만 짝사랑에 빠지고 말았다. 그러나 원덕랑은 단야 낭자가 자신을 좋아한다는 사실을 눈치채지 못했다.

그러던 어느 날, 단야 낭자는 원덕랑이 고향에 '월내'라는 약혼녀가 있다는 사실을 우연히 알게 됐다. 동시에 자신의 딸이 원덕랑을 사모하고 있다는 사실을 알고 있던 태수도 시간이 갈수록 번민이 커졌다.

한편, 고향을 떠난 후 몇 달간 소식 없는 원덕랑을 보기 위해 약혼녀 월내 아가씨는 김제로 길을 떠나기로 결심했다. 공사 이외에는 어떤 것에도 한눈을 팔지 않던 원덕랑에게 어느 날 고향에 있던 약혼녀 월내 아가씨가 찾아온 것이다. 월내 아가씨의 등장은 원덕랑에게는 큰 힘이 되었으나 단야 낭자와 태수의 마음을 불안하게 만들었다.

당시 김제에는 이런 소문이 백성들 사이에 나돌았다.

'벽골제 부근 용추(龍湫)에는 백룡과 청룡이 살고 있는데, 백룡은 온후하여 인명을 수호하고 제방을 지켜주지만, 청룡은 본래 성질이 사납고 제방과 가옥에 피해를 줄 뿐만 아니라 인명까지도 해친다. 둘의 싸움에서 청룡이 이겼기 때문에 심술궂은 청룡에게 처녀를 제물로 바치지 않으면 둑을 무너뜨린다'

큰 사건이 생길 것 같은 두려움에 민심이 흉흉하였고 공사도 지지부진했다. 태수는 고민에 빠졌다. 순조로운 벽골제 공사와 자신의 딸 단야 낭자의 사랑을 동시에 이루어 주기 위한 방법을 궁리하였다. 그는 마침내 월내 아가씨를 몰래 보쌈하여 청룡에게 제물로 바치고 보수공사도 완공시키겠다는 음모를 꾸미게 되었다.

아버지의 이런 계략을 알아챈 단야 낭자는 자신의 한 몸을 희생하면 제방도 완성하고 원덕랑과 월내 아가씨의 사랑도 이루면서 아버지의 살인도 막을 수 있다고 생각했다. 자신의 사랑을 지켜주기 위해 아버지인 태수가 월내 아가씨를 죽여 청룡의 제물로 삼는 것은 원덕랑을 위해서 결코 벌어져서는 안 될 일이라고 생각한 것이다.

다음 날 새벽, 김제 태수는 사람들을 시켜 밤중에 월내 아가씨를 보쌈해 청룡이 사는 못으로 데려갔다. 월내 아가씨를 연못에 제물로 던지려고 할 즈

단야각에 보존되어 있는 단야 낭자 초상

음, 사람들은 그녀가 단야 낭자라는 사실을 알게 되었다. 아버지 김제 태수의 음모를 눈치챈 단야 낭자가 대신 보쌈이 되어 왔던 것이다. 많은 사람이 보는 제단에 올라간 단야 낭자는 미처 손쓸 틈도 없이 벽골제에 몸을 던져 청룡의 제물이 되고 말았다. 단야 낭자에 대한 애도의 울음이 벽골제를 흔들며 물결을 이뤘다.

단야 낭자의 이러한 거룩한 희생정신에 감복한 청룡은 물러가고 벽골제 보수공사는 무사히 끝났다. 더불어 마을에 내려오던 인신 제물의 악습도 없어지게 되었다. 그 후 민심은 안정되었고, 원덕랑과 월내 아가씨도 고향으로 돌아가 행복하게 살았다.

"이 이야기를 바탕으로 김제시에서는 벽골제에 단야 낭자의 아름다운 희생정신을 기리기 위해 단야각을 지어 여기에 영정을 모시고, 단야루를 세운 겁니다."

"여러분이 보는 이 단야각과 단야 낭자 영정, 축제장 뒤편에 있는 거대한 쌍룡 구조물, 그리고 축제 프로그램 중 쌍룡놀이도 마찬가지지요."

'단야 낭자'가 1,200년 만에 김제 지평선 축제를 통해 우리 농경문화의 주인공으로 부활한 셈이다. 이 이야기를 듣고, 나는 코스모스가 만개한 김제 평야 한복판 벽골제에서 아침 안개 속을 단야 낭자와 함께 걸어보는 추억을 만들어 보아야겠다는 생각이 들었다.

메뚜기 잡기, 옛 도롱이 입어보기, 벼 베기 등 축제장 여기저기에 펼쳐져 있는 농경문화체험이 단야 낭자 스토리로 인해 하루 종일 한결 정겹게 느껴지는 것은 나만의 감정은 아닌 듯했다.

오늘따라 유난히 김제의 지평선 노을이 슬프고도 아름다워 보였다. 마치 붉은 바다에 온 느낌이다. 어쩌면 단야 낭자의 애틋한 사랑 색깔 같기도 했다. 이야기 속의 단야 낭자와 함께 축제의 밤은 타들어 가고 있었다.

아우라지 강변의 뱃사공들이 강물이 불어 서로 만나지 못하는 처녀 총각의 사연을 노랫가락에 담았다.

아우라지 강변에서 울려 퍼진
사랑의 소나타

정선 아리랑제

© 정선군청

눈이 올라나 비가 올라나 억수장마 질라나
만수산 검은 구름이 막 모여든다
아리랑 아리랑 아라리요
아리랑 고개로 나를 넘겨주소

아우라지 뱃사공아 배 좀 건너주게
싸리골 올동백이 다 떨어진다
아리랑 아리랑 아라리요

한치 뒷산에 곤드레 딱죽이 임의 맛만 같다면
올 같은 흉년에도 봄 살아나네
아리랑 아리랑 아라리요

명사십리가 아니라면 해당화는 왜 피나
모춘 삼월이 아니라면 두견새는 왜 우나
아리랑 아리랑 아라리요
정선 읍내 물레방아는 사시장철 물을 안고 뱅글뱅글 도는데
우리집 서방님은 날 안고 돌 줄을 왜 모르나
아리랑 아리랑 아라리요

이 노랫가락의 사연인즉,

옛날 옛적에 정선 여량리에 사는 처녀와 유천리에 사는 총각이 사랑에 빠졌다. 둘은 사람들의 눈을 피해 싸리골에 동백을 따러 가서 사랑을 나누곤 했다. 그런데 밤새 장맛비가 너무 내려 강물이 불어나는 바람에 나룻배가

정선 아우라지강의 뱃사공

둥둥 떠내려가고 말았다. 사랑에 빠진 처녀와 총각은 강가에 서서 안타까운 마음에 서로를 하염없이 바라보고만 있을 수밖에 없었다. 이것을 본 아우라지 뱃사공은 이 가슴 아픈 사랑을 노랫가락에 담았는데 그게 지금의 '정선 아리랑'이 되었다.

강원도 정선은 인근의 태백, 영월과 함께 1970년대 후반까지만 해도 호황을 누리던 전국에 몇 안 되는 탄광 도시였다. 그러나 석탄산업의 퇴조로 탄광이 모두 문을 닫게 되면서 인구는 줄고 전형적인 농·산촌으로 바뀌고 말았다.

그 후 오랜 침체기를 겪은 뒤 2010년대부터 특화된 철도관광과 산촌 생태 관광지 조성사업에 주력하면서 최근에는 문화·관광도시로 거듭나고 있다. 이러한 문화·생태 도시로의 변화 중심에 '정선 아리장제'와 '정선 5일장'이 있다. 시골 아낙네의 넉넉한 인심으로 관광객들의 마음을 순간에 사로잡고 구성진 아라리 가락이 흐르는 문화의 고장, 정선.

정선 깊은 골짝에서 나는 달래, 씀바귀, 황기, 곰취, 참나물, 두릅 등 각종 산나물은 웰빙족 도시 사람들의 지갑을 열게 하고, 곤드레밥, 콧등치기, 올챙이묵, 산채정식 등 지역 토속음식은 관광객들이 발품을 판 후 미각을 충족시키는 또 하나의 덤이 된다.

아리랑제 중에는 매일 장이 서고, 시장 내 공연장에서는 무료로 편안하게 아리랑 극도 볼 수 있다. '가는 날이 장날'이었다. 시장 내 장옥식당 들마루에 앉아 입으로 빨아들일 때 딱딱한 면발이 콧등을 친다고 하여 붙여진 메밀국수 '콧등치기'를 시켜 놓고 공연장으로 눈을 돌렸다.

젊은 공연자들이 어쩌면 감정을 저리도 잘 넣을까 싶을 정도로 구슬픈 가락이 흘러나온다. 이 노랫가락은 장마로 범람한 강물을 건너지 못해 사랑을 나누지 못하는 남녀의 애절한 마음을 읊은 아라리였다. 서울 청량리역에서 관광열차를 타고 온 관광객들도 이 애절한 사랑 이야기를 듣고, 특유의 느린 아라리 민요 가락에 그만 숙연함을 느끼는 듯했다.

아리랑은 우리 민족에게 보편적으로 애창되며 사랑받는 민요로 전국에 60여 종 3,600여 곡이 전승되고 있는 것으로 추정된다. 그리고 아리랑은 역사적으로 여러 세대를 거치면서 특정인이 주도해서 만든 것이 아니고 일반 민중의 공동노력으로 창조된 민요다.

지역마다 아리랑의 내용은 다소 다르지만 '아리랑, 아리랑, 아라리오'라

1. 2. 정선 아리랑 무대 공연

© 정선군청 1

© 정선군청 2

는 여음(餘音)만은 보통 공통적으로 들어간다. 그리고 지극히 단순한 곡조이기 때문에 함께 부르기가 쉽고, 여러 음악 장르에 자연스레 어우러져 우리 민족의 대표적인 민요가 된 것이다.

전국의 수많은 아리랑 중 진도 아리랑, 밀양 아리랑, 정선 아리랑이 대표적인데, 그중 정선 아리랑은 강원도는 물론이고 그 인근 지역에서도 널리 불리고 있다. 그래서 정선 아리랑은 강원도 일대의 모심기와 논밭을 맬 때 두레 판의 노동요의 구실도 했다.

일제 때에는 민족의 서러움과 울분을 아리랑에 실어 주민 스스로 달래 왔는데, 일제의 탄압으로 인해 남녀의 사랑을 소재로 한 가사로 더 많이 불리게 되었다. 잔잔한 흐름 속에 소박함과 여인의 한숨 같은 서글픔을 느낄 수 있도록 장단이 늘어지고 긴 특성을 가진 정선 아리랑은 현재 700~800여 수나 되는 노랫말이 전해지고 있다고 한다. 그러니 정선을 가히 아리랑의 고장이라고 해도 부족함이 없을 듯하다.

정선 아우라지 강변의 처녀상

축제장 인근 아우라지 강변에는 이 노랫가락의 주인공인 처녀상이 외롭게 서 있고, 동상 옆에는 정자를 건립해 이곳이 정선 아리랑의 발상지임을 알리고 있었다. 비록 동상이지만 우수에 젖은 눈매가 축제장을 떠날 때까지 눈에 아른거렸다. 그리고 축제장에서 아리랑 전수관을 오가는 아우라지 강변의 나룻배를 타면 뱃사공이 풀어내는 옛 뗏꾼들의 애절한 사연들도 들을 수 있다.

지금 정선은 온통 아리랑 천지다. 축제장과 아리랑 전수관 이쪽저쪽에서는 뗏목아라리 재연뿐만 아니라 주막아라리 한마당이 펼쳐져 있고, 정선 아리랑 시연과 정선 아리랑 창극, 정선 아리랑 경창 대회가 열리고 있다.

아리랑이 유네스코 무형인류문화유산으로 등재되면서 매년 정선 아리랑제 때가 되면 한민족 아리랑 만남의 장이 연출된다. 이주 교포들의 고난의 역사를 간직한 해외 아리랑, 북한지역 아리랑, 경기 아리랑, 밀양 아리랑, 진도 아리랑, 영천 아리랑, 서도 아리랑 등 각 지역 아리랑이 이곳에 집결한다.

부디 애잔한 아리랑이 우리들의 찢어진 마음을 메워 하나로 묶는 소통의 통로가 되길 기원하며 아우라지강 돌다리를 건너가 본다.

축제 정보

축제명	개최 시·군	축제장소	축제기간
① 대게 축제	경북 영덕군	강구항 일원	19.03.21~03.24
② 커피 축제	강원 강릉시	강릉항 일원	18.10.05~10.09
③ 젓갈 축제	충남 논산시	강경읍 일원	19.10.09~10.13
④ 남도 음식문화큰잔치	전남 순천시	낙안읍성 (매년 개최장소 변경)	18.10.12~10.14
⑤ 쌀문화 축제	경기 이천시	설봉공원 일원	19.10.16~10.20
⑥ 청보리밭 축제	전북 고창군	학원관광농원	19.04.20~05.12
⑦ 찻사발 축제	경북 문경시	문경새재 일원	19.04.27~05.06
⑧ 대나무 축제	전남 담양군	죽녹원 일원	19.05.01~05.06
⑨ 야생차 문화 축제	경남 하동군	차문화센터 일원	19.05.10~05.13
⑩ 유등 축제	경남 진주시	진주성 일원	19.10.01~10.13
⑪ 한국 선비문화 축제	경북 영주시	선비촌 일원	19.05.03~05.06
⑫ 신비의 바닷길 축제	전남 진도군	회동리 일원	19.03.21~03.24
⑬ 품바 축제	충북 음성군	설성공원 일원	19.05.22~05.26
⑭ 서동 연꽃 축제	충남 부여군	궁남지 일원	19.07.05~07.07
⑮ 효석 문화제	강원 평창군	문화마을 일원	19.09.07~9.15
⑯ 불갑산 상사화 축제	전남 영광군	불갑사 일원	18.09.13~09.19
⑰ 흥타령 춤 축제	충남 천안시	삼거리공원 일원	19.09.25~09.29
⑱ 바우덕이 축제	경기 안성시	안성맞춤랜드	19.10.02~10.06
⑲ 지평선 축제	전북 김제시	벽골제 일원	19.10.05~10.09
⑳ 정선 아리랑제	강원 정선군	아라리공원 일원	18.10.06~10.09

연락처
www.ydcrabfestival.com
www.coffeefestival.net
www.ggfestival.net
www.namdofood.or.kr
www.ricefestival.or.kr
chungbori.gochang.go.kr
www.sabal21.com/home
www.bamboofestival.co.kr
tour.hadong.go.kr/main
www.yudeung.com
seonbi.yctf.or.kr
tour.jindo.go.kr/tour/main.cs
www.pumba21.com
www.부여서동연꽃축제.kr/
www.hyoseok.com
tour.yeonggwang.go.kr
www.cheonan.go.kr/tour.do
www.anseong.go.kr/tour/main.do
www.gimje.go.kr/festival/index.gimje
www.arirangfestival.kr/frame.html

2019 문화관광축제 현황

시도/등급	글로벌축제(5)	대표축제(3)	최우수축제(7)	우수축제(10)	유망축제(21)	육성축제(57)
서울						• 이태원지구촌축제 • 선사문화축제 • 한성백제문화제
부산						• 해운대북극곰축제 • 광안리어방축제 • 감천마을골목축제
대구					• 약령시 한방축제 • 대구 치맥축제	• 수성못페스티벌 • 비슬산참꽃문화제 • 동성로 축제
인천					• 펜타포트축제	• 송도문화관광축제 • 연수능허대축제
광주			추억의 충장축제			• 굿모닝양림 • 세계김치축제 • 서창들녘억새축제
대전						• 국제와인페어 • 유성온천축제 • 효문화뿌리축제
울산						• 울산고래축제 • 울산옹기축제 • 울산마두희축제
세종						• 세종축제 • 조치원복숭아축제
경기			• 이천 쌀문화축제 • 안성 바우덕이축제	• 수원 화성문화제 • 시흥갯골축제	• 여주 오곡나루축제	• 연천구석기축제 • 파주장단콩축제 • 화성뱃놀이축제 • 부천국제만화축제

시도/등급	글로벌축제(5)	대표축제(3)	최우수축제(7)	우수축제(10)	유망축제(21)	육성축제(57)
강원	화천 산천어축제			•평창 효석문화제 •원주 다이내믹 댄싱축제 •춘천마임축제	•횡성한우축제 •강릉커피축제 •평창송어축제	•정선아리랑제 •태백산누꽃축제 •동해이사부축제 •고성통일명태축제
충북					•괴산고추축제 •음성품바축제	•단양온달문화제 •지용제 •영동포도축제 •증평인삼골축제
충남	보령 머드축제				•논산 강경젓갈축제 •부여 서동연꽃축제 •서산 해미읍성축제 •한산 모시문화제	•석장리구석기축제 •무창포신비의 바닷길축제 •홍성역사인물축제 •논산 딸기축제
전북	김제 지평선축제	무주 반딧불축제		임실치즈축제	•고창모양성제 •순창장류축제 •완주 와일드푸드	•부안마실축제 •한우랑사과랑축제 •진안홍삼축제 •정읍구절초축제
전남			•담양 대나무축제 •진도 신비의 바닷길축제 •보성다향축제	•장흥물축제 •강진청자축제	•영암 왕인문화제	•고흥우주항공축제 •불갑산상사화축제 •여수거북선축제 •목포항구축제
경북	안동 국제탈춤축제	문경 찻사발축제		봉화은어축제	•고령 대가야축제 •영덕대게축제 •포항불빛축제	•영주선비문화축제 •청송사과축제 •경주신라문화제 •영양산나물축제
경남	진주 남강유등 축제	산청 한방약초축제		통영 한산대축제	밀양 아리랑축제	•마산국화축제 •김해 분청도자기축제 •섬진강 재첩문화축제 •함양산삼축제
제주			제주 들불축제			•탐라국입춘굿 •탐라문화제 •서귀포칠십리축제
계	5	3	7	10	21	57

대한민국 베스트
축제여행

초판 1쇄 | 2019년 6월 11일
초판 2쇄 | 2019년 8월 12일

글과 사진 | 지진호

발행인 | 유철상
편집 | 이유나, 이정은, 남영란
디자인 | Mia Design
마케팅 | 조종삼, 최민아

펴낸 곳 | 상상출판
주소 | 서울시 동대문구 정릉천동로 58, 103동 206호(용두동, 롯데캐슬 피렌체)
구입·내용 문의 | **전화** 02-963-9891 **팩스** 02-963-9892
이메일 cs@esangsang.co.kr
등록 | 2009년 9월 22일(제305-2010-02호)
찍은 곳 | 다라니

※ 가격은 뒤표지에 있습니다.

ISBN 979-11-89856-17-5(13908)

※ 이 책은 한국출판문화산업진흥원 2019년 우수출판콘텐츠 제작 지원 사업 선정작입니다.

※ 이 도서의 국립중앙도서관 출판예정도서목록(CIP)은 서지정보유통지원시스템 홈페이지(http://seoji.nl.go.kr)와
국가자료공동목록시스템(http://www.nl.go.kr/kolisnet)에서 이용하실 수 있습니다. (CIP제어번호 : CIP2019017352)

www.esangsang.co.kr